矿山救护心理对策与心理训练

曾凡付　著

应 急 管 理 出 版 社

· 北　　京 ·

内 容 提 要

本书内容包括两部分：一是心理学在矿山救护队日常工作中和特殊情况下的应用，二是矿山救护队心理训练。心理学在矿山救护队日常工作中的应用涵盖队员选拔、角色转换、业务理论学习、动作技能训练、体能训练中的极点、人际关系、人际沟通、凝聚力、士气、职业倦怠、冲突管理、“三违”行为、领导行为、压力及其应对等方面；心理学在矿山救护队特殊情况下的应用包括高低温、缺氧、有毒有害气体及浓烟等特殊环境对指战员的心理影响及防护措施，在事故现场对伤员及救灾协助人员的心理援助，指战员心理危机的干预等。矿山救护心理训练部分介绍了心理训练方法（技术）和鹤煤救护大队心理训练方案的制定、实施情况及其成果。

本书可作为矿山救护队心理培训教材，也可作为提升矿山救护队心理素质的参考用书。

前　言

2010 年 9 月，我以教练身份带领鹤煤救护大队集训队参加了第八届全国矿山救援技术竞赛，因我队参赛队员上场后过于紧张，没能发挥出平时的训练水平，导致竞赛成绩远低于预期。自此，我开始关注救护指战员的心理问题及对策。

随着煤矿安全形势的好转，矿井事故大大减少，入队五六年的队员也没有参加过一起事故处理。没有经历烟与火的洗礼，没有锻炼出良好的心理素质，以后如何担当起抢险救灾的重任?

于是，我一边自学心理学知识，一边在队内试行心理训练。虽然是零星的、不系统的，但获得了大量数据，积累了经验，取得了一些效果，更感受到心理学的魅力。

2017 年，经鹤煤公司批准，我队立项进行系统的心理训练、研究，2021 年通过成果鉴定，此后在救护大队大力推广应用，收获颇丰。

本书是本人在矿山救护工作中应用心理学知识解决心理问题的提炼与总结。

限于作者水平，本书难免存在着不足之处，诚恳希望读者批评指正。

曾凡付

2022 年 5 月于鹤壁

目　　录

第一章 绪 论

煤矿开采过程中，经常受到瓦斯爆炸、煤尘爆炸、煤与瓦斯突出、围岩冒落、水害、火灾等灾害的威胁。矿山救护队是处理矿山灾害事故的专业队伍，当矿井发生事故时，在其他人员无法处理的情况下，矿山救护队指战员携带救护装备、仪器，深入抢险救灾第一线，抢救人员，消除事故。由于事故现场环境恶劣，条件艰苦，矿山救护指战员遇到的困难是常人无法想象的，是对指战员身心的巨大考验。所以，需要用心理学等相关知识，指导矿山救护队指战员日常学习和训练，提升其心理素质和应激能力，保持良好心态，以便安全、快速完成抢险救灾任务。

第一节 矿山救护队职业特点

矿山救护队是处理矿山灾害事故的专业队伍，实行军事化管理。矿山救护队指战员是矿山一线特种作业人员。兼职矿山救护队是由符合矿山救护队员身体条件，能够佩用氧气呼吸器的矿山骨干工人、工程技术人员和管理人员兼职组成，协助专业矿山救护队处理矿山事故的组织。

一、矿山救护队任务

（1）抢救矿山遇险遇难人员。

（2）处理矿山灾害事故。

（3）参加排放瓦斯、震动性爆破、启封火区、反风演习和其他需要佩用氧气呼吸器作业的安全技术性工作。

（4）参加审查矿山应急预案或灾害预防处理计划，做好矿山安全生产预防性检查，参与矿山安全检查和消除事故隐患的工作。

（5）负责兼职矿山救护队的培训和业务指导工作。

（6）协助矿山企业做好职工的自救、互救和现场急救知识的普及教育。

二、矿山救护指战员的一般职责

（1）热爱矿山救护工作，全心全意为矿山安全生产服务。
（2）加强体质锻炼和业务技术学习，适应矿山救护工作素质需要。
（3）自觉遵守有关安全生产法律、法规、标准和规定。
（4）爱护救护仪器装备，做好仪器装备的维修保养，使其保持完好。
（5）按照规定参加战备值班工作，坚守岗位，随时做好出动准备。
（6）服从命令，听从指挥，积极主动地完成各项工作任务。

三、矿山救护队主要工作

1. 建立健全组织机构

（1）救护大队。救护大队由2个以上中队组成。救护大队设大队长1人，副大队长2人，总工程师1人，副总工程师1人，工程技术人员数人；应设立相应的管理及办事机构（如办公、战训、培训、后勤等），并配备必要的管理人员和医务人员。

（2）救护中队。救护中队是独立作战的基层单位，由3个以上的小队组成。救护中队设中队长1人，副中队长2人，工程技术人员1人。直属中队设中队长1人，副中队长2~3人，工程技术人员至少1人。救护中队应配备必要的管理人员及汽车司机、机电维修、氧气充填等人员。

（3）救护小队。救护小队是执行作战任务的最小战斗集体，由9人以上组成。救护小队设正、副小队长各1人。

（4）兼职矿山救护队。原则上兼职矿山救护队应由2个以上小队组成，每个小队由9人以上组成。兼职矿山救护队应设专职队长及仪器装备管理人员。兼职矿山救护队员由符合矿山救护队员条件，能够佩用氧气呼吸器的矿山生产、通风、机电、运输、安全等部门的骨干工人、工程技术人员和干部兼职组成。

2. 救援装备、设施的配备及维护保养

（1）救护队应配备以下装备和器材：个人防护装备；处理各类矿山灾害事故的专用装备与器材；气体检测分析仪器，温度、风量检测仪表；通信器材及信息采集与处理设备；医疗急救器材；交通运输工具；训练器材等。救护队应根据技术和装备水平的提高不断更新装备，并及时对其进行维护和保养，以确保矿山救护设备和器材始终处于良好状态。

（2）救护队应有下列设施：电话接警值班室、夜间值班休息室、办公室、学习室、会议室、娱乐室、装备室、修理室、氧气充填室、化验室、战备器材库、汽车库、演习训练设施、体能训练设施、运动场地、单身宿舍、浴室、食堂、仓库等。

（3）兼职矿山救护队应有下列建筑设施：电话接警值班室、夜间值班休息室、办公室、学习室、装备室、修理室、氧气充填室、战备器材库等。

3. 综合管理

（1）实行军事化管理，统一着装，佩戴矿山救护标志。

（2）战备值班管理。必须坚持 24 h 值班工作制度，制定及严格执行岗位责任制和各项管理制度。

（3）计划管理。根据本队实际情况，必须做到年有计划，季有安排，月有工作流程。

（4）技术竞赛。每年至少组织一次全大队技术竞赛，内容包括业务理论、仪器设备操作、模拟救灾、体能测试、医疗急救、军事化队列等。

（5）建立各种记录簿。矿山救护大队应有战备值班、各种会议、业务技术训练、安全技术工作、事故处理、有偿服务及执行情况的各种记录；中队应建立矿山救护工作日志、大中型装备维护保养记录、小队装备维护保养记录、个人装备维护保养记录、体质训练记录、一般技术训练记录、仪器设备操作训练记录、演习训练记录、急救训练记录、理论学习记录、军训记录、预防检查记录、事故处理记录、战后总结评比记录、安全技术工作记录、月（季）考核记录、竞赛评比记录、各种会议记录、奖惩记录、考勤记录、小队交接班记录、中队交接班记录、电话值班员交接班记录、事故电话记录等记录簿。

（6）坚持开展质量标准化考核达标活动。矿山救护中队应每季度组织一次达标自检，矿山救护大队应每半年组织一次达标检查。

（7）内务后勤保障。救护队应根据营区条件，有计划地绿化和美化环境，集体宿舍墙壁悬挂物体一条线，床上卧具叠放整齐一条线，保持窗明壁净；保障救护指战员享受矿山采掘一线待遇，并发给救护岗位津贴等。

（8）预防性安全检查。有计划地派出小队到服务矿山（井）进行熟悉巷道和预防性安全检查，绘出检查路线及通风系统示意图。

4. 学习与训练

1）学习

矿山救护指战员应认真学习救护业务理论知识及战术运用。

2）日常训练

（1）军事化队列训练。

（2）体能训练和高温浓烟训练。

（3）防护设备、检测设备、通信及破拆工具等操作训练。

（4）建风障、木板风墙和砖风墙，架木棚，安装局部通风机，高倍数泡沫灭火机灭火，惰性气体灭火装置安装使用等一般技术训练。

（5）人工呼吸、心肺复苏、止血、包扎、固定、搬运等医疗急救训练。

（6）新技术、新材料、新工艺、新装备的训练。

3）模拟实战演习

（1）演习训练，必须结合实战需要，制定演习训练计划；每次演习训练佩用呼吸器时间不少于 3 h。

（2）大队每年召集各中队进行一次综合性演习，内容包括闻警出动、下井准备、战前检查、灾区侦察、气体检查、搬运遇险人员、现场急救、顶板支护、直接灭火、建造风墙、安装局部通风机、铺设管道、高倍数泡沫灭火机灭火、惰性气体灭火装置安装使用、高温浓烟训练等。

（3）中队除参加大队组织的综合性演习外，每月至少进行一次佩用呼吸器的单项演习训练，并每季度至少进行一次高温浓烟演习训练。

（4）兼职救护队每季度至少进行一次佩用呼吸器的单项演习训练。

四、矿山救护队的职业特征

矿山救护队与其他工种相比，有其特殊性，其主要特征如下：

（1）矿山救护队是矿山灾害事故抢救的主要力量，当出现矿山灾害时，能迅速出动，科学、安全、迅速地完成救援任务。所以，矿山救护队平时要加强技术练兵，提高业务技术水平和战斗力，战时才能很好地处理各类灾害事故。

（2）矿山救护队工作具有明显的紧迫性和危险性。救护队接到事故电话后，不管何时何地何种恶劣气候，都必须在 1 min 内出动。不需要乘车出动的，不得超过 2 min。到达事故矿井后，要立即投入到抢险救灾。这就是要求救护队昼夜值班、待机，做到“闻警即到，速战速胜”。危险性是指救护工作面临生命危险在内的各种威胁。只要有可能，指战员就要积极完成抢险救灾任务；回到驻地后，不管多疲劳，都应当立即对救援装备、器材进行检查和维护，使之恢复到值班战备状态。

（3）矿山救护队实行严格的军事化管理，一切行动听指挥，下级服从上级。对指战员个人言行举止、着装及集体宿舍内务均有统一规定。

（4）矿山救护队指战员全年无休息，需要一天 24 h 战备值班。越是节假日，越得保证充足的战斗力，以应对矿山企业因节假日的松懈而引发的突发性事故。战备值班以小队为单位，按照轮流值班表担任值班队、待机队、工作队，中队以上指挥员及汽车司机须轮流上岗值班，有事故时和小队一起出动。

（5）矿山救护队是非生产性单位，它具有安全效益，不能用经济效益、产值、生产效益等衡量。

（6）矿山救护队是一支年轻化的战斗集体，对指战员的年龄有特殊要求。《矿山救护规程》规定：救护队员年龄不应超过 40 岁，中队指挥员年龄不应超过 45 岁，大队指挥员年龄不应超过 55 岁。但根据救护工作需要，允许保留少数（指挥员和队员分别不超过 1/3 的）身体健康、能够下井从事救护工作、有技术专长及经验丰富的超龄人员，超龄年度不大于 5 岁。

第二节　矿山救护队指战员一般心理状态

一、心理

心理是对心理现象、心理活动的简称，是人脑的机能，是客观现实的主观反映。也就是说，心理是通过人脑产生的，是客观事物在人脑中的反映，而人脑是产生心理的生理器官。

1. *心理活动*

心理活动是大脑对客观世界反映的过程。人的心理活动包括认知、情感与意志 3 个方面。

（1）认知是指对事实关系的主观反映。客观事物（事物与事物、人与事物及人与人）之间存在不以人得意志为转移的相互作用，这些作用都有其客观规律性，人们只能认识它和利用它，而不能否定它、违背它。认知包括感性认知和理性认知。其中，感性认知是指人对事物所发出的刺激信号进行的感觉、知觉和表象，如对物体的颜色、形态、大小、声音、冷热等方面的感知；理性认知是指人对概念所进行的认知、理解、推理、分析和归纳等。

（2）情感是指对价值关系的主观反映。价值关系是指事实本身相对于主体的生存与发展所体现的作用，是指那些带有主体目的色彩的事实关系。价值关系是一种特殊的、客观存在的事实关系，是一种把事物和主体的生存和发展联系起来的事实关系。情感包括感性情感和理性情感，感性情感是指人对事物发出的感性刺激（物理或化学刺激）信号所产生的感觉取向、知觉取向和表象取向，如尖锐物体的刺激引起人的疼痛感觉，人会设法逃避它；绿色事物容易使人产生宁静、祥和的情感，人会亲近它；凶狠的狼容易使人产生恐惧的情感，人会设法逃避它。理性情感是指人对概念所进行的认识取向、理解取向、判断取向、推理取向、分析取向和归纳取向等，如人通常只对那些存在切身利益关系的事物及其知识感兴趣（认知取向）；善良的人总容易善解人意，邪恶的人总容易恶解人意（理解取向）；人对道德形象好的人总容易用善的眼光来判断他的行为动机，而对道德形象差的人总容易用恶的眼光来判断他的行为动机（判断取向）；人最容易找到或肯定那些最为有利的推理论据，从而推理出最有利于自己的结论，而不容易发现或容易否定那些最不利的推理论据，从而否定最不利于自己的结论（推理取向）；人在对事物的起因、现状及发展方向等进行分析时，最容易把事物产生正向价值效应归功于自己或与自己相关联的事物，最容易把事物产生负向价值效应归罪于他人或与他人相关联的事物（分析取向）；乐观者最容易看到最好的前程，悲观者最容易看到最坏的后果（归纳取向）。

（3）意志是指人根据自己的主观愿望自觉地调节行为去克服困难以实现预定目的的心理活动。主体与客体之间存在两方面的作用，一是客体对主体的作用，二是主体对客体的反作用。价值关系反映了客观事物对于主体生存与发展所产生的作用过程，行为关系则反映了人对于客观事物的反作用过程。对行为关系的主观反映就是意志，意志包括感性意志和理性意志。感性意志是指人用以承受感性刺激的意志，它反映了人在实践活动中对感性刺激的克制能力和兴奋能力，如体力劳动需要克服机体在肌肉疼痛、呼吸困难、血管扩张、神经紧张等感性方面的困难与障碍；理性意志是指人用以承受理性刺激的意志，它反映了人在实践活动中对系统刺激的克制能力和兴奋能力，如脑力劳动需要克服大脑皮层在接受系统刺激所产生的思维迷惑、精神压力、情绪波动、信仰失落等理性方面的困难与障碍。

2. 心理现象

心理现象是心理活动的表现形式，分为心理过程、心理状态和心理特征 3 类。

（1）心理过程是心理现象的动态表现形式，包括认知、情感、意志 3 个方面，具体指的是人的感觉、知觉、记忆、思维、想象、言语等认知活动以及情绪活动与意志活动。

（2）心理状态是指在一段时间内相对稳定的心理活动。如认知过程的聚精会神与注意力涣散状态，情绪过程的心境状态和激情状态，意志过程的信心状态和犹豫状态等。

（3）心理特征是指心理活动进行时经常表现出来的稳定特点。如有的人观察敏锐、精确，有的人观察粗枝大叶；有的人思维灵活，有的人思考问题深入；有的人情绪稳定内向，有的人情绪外向易波动；有的人办事果断，有的人优柔寡断，等等。这些差异体现在能力、气质和性格上的不同。在人的心理生活中，心理过程、心理状态和心理特征三者紧密联系。

二、心理状态

心理状态是指人在某一时段的心理活动水平。心理状态犹如心理活动的背景，心理状态的不同，可能使心理活动表现出很大的差异性。心理状态是联系心理过程和心理特征的过渡阶段。

1. 心理状态的特点

心理状态与心理过程、心理特征相比，在心理活动中表现出以下特点：

（1）直接现实性。人的心理活动的各种现象都是以心理状态的方式存在，也就是说，人的各种具体的现实的心理过程与个性心理特征以至高级神经活动等，总是在一定的、具体现实的心理状态中被包含着和被表现出来。因此，在了解自己或别人的心理活动时，直接观察到的便是在一定情境时存在的心理状态。作为了解自己或他人心理活动的指标，心理状态具有明显的直接现实性。

（2）综合性。心理状态是个体在一定情境下各种心理活动的复合表现，任何一种心理状态既有各种心理过程的成分，又有个性差异的色彩，还包括许多复合的心理过程，不是心理过程简单的拼合，而是由这些心理过程所构成的具有新特性的复合物。尽管这些成分在不同的心理状态中的地位和作用不一样，但心理状态始终是心理活动的综合反映。

（3）相对的稳定性和持续性。当主体进入或处于某种心理状态时，若无必要强度量级的动因起作用并达到改变原心理状态的临界度以上，原来的心理状态就会持续稳定或长或短的时间，至于某一心理状态能持续多长时间，就要取决于许多可能起作用的相关因素及其力量的组合与对比，其重要的一个因素是该心理状态下各心理过程或心理活动的强度。

（4）流动性和趋变性。心理状态具有变化不定的特性。任何心理状态都不是凝固不变的，而是随时可能由于种种无法避免的内外动因的作用而发生量变和质变。从整体上看，心理状态虽然不如心理过程那样流动，具有一定时间的延续性，但也不像个性心理特征那样具有时间上与情境上的一贯性。由于内外部现实的影响造成心理过程的不断变化，使得复合的心理状态各部分之间的关系也不断发生变化，一种心理状态会随时被另一种心理状态所替代，而某一种特定的心理状态也会不断发生变化。

（5）情境性。心理状态往往与某种情景相联系，在很大程度上受到一定情景的影响或反映着一定的情景。心理状态受客体、客体的背景、客体的关系等整个为主体所感知的事物及其环境的制约。

2. 分类

（1）依据心理状态的主要构成成分可分为认知的心理状态、情感的心理状态、意志的心理状态和动机的心理状态。

（2）以心理状态对活动效果的影响为标准，可将心理状态划分为最佳心理状态、一般心理状态、不良心理状态。

（3）根据心理状态持续时间的长短，可把心理状态划分两类：一类为相对稳定的、持续较长时间的状态（态度、兴趣、心境）；另一类是情景性的、持续时间较短的心理状态（激情、应激状态）。

（4）根据心理状态结构中占据主导地位的心理要素，可将其划分为情绪的心理状态、意志的心理状态、感知过程居多的状态、注意状态、积极的思维状态等。

（5）按照心理状态常态、异常可以把心理状态划分为正常心理状态、异常心理状态。

三、矿山救护队指战员一般心理状态表现形式

矿山救护队实行军事化管理，纪律严明，指战员个人言行举止、着装及集体宿舍内务均有统一规定，个人自由度相对较小；在日常学习训练中，学习训练内容多，且项目广泛，从理论知识到实际操作，从个人项目到集体项目，从智力项目到体能项目，均有涉猎；定期考核、演习必须达标，经常参加评比或竞赛，竞赛压力大；在队内值班时，警报响后必须在 1 min 之内出动，使指战员神经高度紧绷；在事故处理中，也时时面对爆炸、突水、冒顶、中毒等危险，或面对遇险人员的断肢残体、呻吟、流血等惨状，或遭受不明真相的遇险遇难人员家属的辱骂、殴打，上级领导的训斥，等等，这些都会对矿山救护指战员的心理产生巨大影响，甚至产生心理障碍等问题。

1. 恐惧

恐惧是指人们在面临某种危险情境、企图摆脱而又无能为力时所产生的一种强烈压抑情绪体验，就是平常所说的“害怕”。一方面，恐惧常伴随一系列的生理变化，如心跳加速、心律不齐、呼吸短促或停顿、血压升高、脸色苍白、嘴唇颤抖、嘴发干、身冒冷汗、四肢无力，等等，这些生理功能紊乱的现象，往往会导致或促使躯体疾病的发生。另一方面，恐惧会使人的知觉、记忆和思维过程发生障碍，失去对当前情景分析、判断的能力，并使行为失调。日常工作中矿山救护指战员的恐惧通常来自于以下原因：

（1）指战员在进行高空训练时，如过高空断桥、空中梅花桩、高空软桥时，因恐惧不敢通行，或通行中途坠落失败，或超过规定时间。在日常工作时，遇到不公平的事，或遇到侵权行为，因恐惧而不敢批评或阻止。

（2）在事故处理过程中，由于灾害现场情况的表象或想象到可能发生的危险对个人生命的威胁，易产生恐惧心理。

恐惧状态是一种消极的心理状态，会妨碍救护指战员的正常活动，常常显得慌乱、紧张、不知所措，不能依程序及时开展救灾工作。

2. 紧张

紧张是人体在精神和肉体两方面对外界事物反应的加强。无论好坏的变化，

日久都会使人紧张。紧张的程度常与生活变化的大小成比例。过度的紧张使人不安，思考力及注意力不能集中，并伴有头痛、心悸、腹背疼痛、疲累等状况。普通的紧张都是暂时性的。突发性的紧张是一种恐惧感。紧张是因为想博取别人好的关注，又存在对未知的恐惧。日常工作中矿山救护指战员的紧张通常来自于以下原因：

（1）在日常工作中，因学习训练任务重，管理严格，而心生压力，或因为外界因素影响，如领导观看、有众多围观者及自己对良好表现的期盼，从而出现紧张的表现。例如，在军事化队列训练时，报数中，有的队员脸色发白，只见上下嘴唇抖动，有发声的口形，但就是没有发出来的声音；在行进中，有的手脚一顺，有队员在上级达标验收检查时因过度紧张而晕倒。本来在平时训练中已熟练掌握的动作或知识，在比赛时一上场，就手抖、出汗，大脑空白、短路，一点也想不起来、做不出来了。

（2）在学习、训练、劳动、就餐、休息等时间突然听到出警铃声，神经活动就会立即紧张。在此期间，适度的紧张是一种积极的心理准备状态，能有效地保证战斗任务的完成；但过于紧张，则会妨碍战斗人员的活动，是一种消极的心理状态。

3. 愤怒

愤怒是指当愿望不能实现或为达到目的的行动受到挫折时引起的一种紧张而不愉快的情绪，或对社会现象以及他人遭遇甚至与自己无关事项的极度反感。愤怒被看作一种原始的情绪，是一种消极的感觉状态，一般包括敌对的思想、生理反应和适应不良的行为。它的发生通常因为另一人被认为有不敬、贬低、威胁或疏忽等不必要的行动。日常工作中矿山救护指战员的愤怒通常来自于以下原因：

（1）因受到不公平待遇、违反纪律受处分、受军事化严格管理引起的自以为不自由、工作中配合不到位或个人之间冲突的升级。如某救护大队招收一批新队员在进行集中训练时，一队员不满救护队的封闭管理和训练辛苦，违反规定要强行离队，受阻挠后报警。警察来后解释因工作性质决定的内部管理，不属违法性质的限制人身自由。该名队员愤怒至极，用拳头打破办公室窗户玻璃，点火烧沙发，扑上去打警察，最后被行政拘留。又一队员因违反军事化管理规定受处罚，吵闹到中队长办公室，发怒而生吞了办公室鱼缸养的一条金鱼。

（2）在事故处理过程中，事故方的不作为、后勤服务达不到自己想象中的周到、上级领导强令冒险作业等行为，都可能诱发反感甚至愤怒。

4. 悲伤

悲伤是由分离、丧失和失败引起的情绪反应，包含沮丧、失望、气馁、意志消沉、孤独和孤立等情绪体验。悲伤程度取决于失去的东西的重要性和价值大小，也依赖于主体的意识倾向和个体特征。悲伤根据其程度不同，可细分为遗憾、失望、难过、悲伤、极度悲痛。悲伤有时伴随哭泣，从而使紧张释放，心理压力缓解，是人天生的一种心理保护措施。但是较强的悲伤对人的心理十分有害，持续的悲伤不仅使人感到孤独、失望、无助，甚至会引发临床抑郁；悲伤也会损害人的身体，持续的悲伤会削弱个体的身体免疫功能，使人患消化系统疾病、心血管疾病、肿瘤等心因性疾病，严重的悲伤甚至影响生理机能而导致猝死。日常工作中矿山救护指战员的悲伤通常来自于以下原因：

（1）指战员在得不到晋升、没评上先进、感觉应该得到的奖励没有得到，或与人冲突失去友谊，受人排斥时，就会沮丧、失望、意志消沉，以至于悲伤。

（2）在灾害现场处理事故时，看到遇难者尸体，特别是场面血腥、惨烈时，可能会感到难过、悲伤。

5. 乐观

乐观是一种伴随对社会或物质未来的期望而产生的情绪或态度，这些社会愿望能对他有利，使他开心。有研究表明，乐观是一种人格特质，即气质性乐观，气质性乐观是对未来好结果的总体期望，即相信好事情比坏事情更有可能发生。有的研究认为，乐观是一种解释风格，乐观解释风格的人将坏事件归因于外部的、不稳定的、具体的原因，将好事件归因于内部的、稳定的、普遍的原因。乐观者在面对困难时，会继续坚持追求所认为有价值的目标，采用有效的应对策略，不断调整自我状态，以便尽可能去实现目标。但乐观有利有弊：

（1）乐观是一种积极情绪，在日常工作中，乐观能提高指战员活力，有利于高效思考和解决问题，有利于与同事之间的团结，但限于归因风格，可能会导致盲目乐观，或不能客观面对自身、中小队内部存在的问题。

（2）在事故处理中，因为对灾害现场比较了解，感到战斗行动难度不大，呈现出乐观状态。如果对灾害现场估计过低，把复杂想象为简单，把困难想象为容易，则是一种盲目乐观危险的临战心理，对事故处理极为不利。

6. 厌恶

厌恶是人类的基本情绪之一。人类的厌恶心理分为核心厌恶与道德厌恶。核心厌恶又称生理厌恶，指个体由于变质食品、排泄物、昆虫、细菌等引起的一种反感体验；道德厌恶指人们在人际互动中，个体对不道德语言、行为和违反社会规范的人的一种反感体验。低强度的厌恶为厌烦，高强度的厌恶为憎恶。厌恶与愤怒混合在一起就会产生蔑视，与悲伤混合会产生懊悔情绪。

（1）在矿山救护队日常工作中，如果领导处事不公，心存偏袒；在与同事交往中，表现自私自利，说话刻薄，就会令人生起厌恶之心。

（2）在灾害现场，因时间长或处于高温环境下遇难者尸体发臭，内脏器官膨出，有的指战员会产生厌恶情绪，会产生不尊重逝者的行为。

7. 淡漠

淡漠是指对事物不关心、无动于衷的态度，其心理机制是由于出现保护性能和兴奋过程减弱而使心理紧张程度降低，表现为人体机能变化不显著，缺乏意志活动的主动性和灵活性，是一种消极的心理状态。在实际工作中有以下几种表现：

（1）矿山救护队指战员在参加考核评比中，或参加技术竞赛时，或在中队、小队组织的临时性活动中，表现为情绪低落、意志消沉、精神萎靡、体力下降，反应迟钝、注意力强度减弱。

（2）在事故处理中，对所处危险环境的遇险者没有同情心，没有感情，没有主动性和积极性，依旧按部就班处理。

矿山救护指战员表现出负性心理状态或不良心理状态时，有损个人心身健康，也不利于救护队工作绩效的提高，包括影响学习、训练效果，也会降低救护队士气、凝聚力，易引发冲突，不利于救护队管理，在处理事故时，易出现“三违”，从而不能保证快速、安全地处理事故。需采取针对性的心理措施，化解不良情绪，保持良好心理状态，以促进矿山救护队各项工作的开展，保障指战员身心健康。

第二章　矿山救护日常工作中心理学的应用

心理学是研究心理现象及其发生、发展和变化规律的科学。心理学有助于维护心理健康、减轻职业压力、增进人际交流，进而提高生活质量。矿山救护队日常工作中正确运用心理学知识，能提高应职队员选拔的科学性，促进新入职队员顺利实现角色转变，增进业务理论学习及动作技能训练，有效克服体能训练中的极点，改善同事之间的人际关系，提升矿山救护队凝聚力与士气，有效管理冲突，提高领导艺术，在事故处理和从事安全技术工作中杜绝“三违”，缓解职业倦怠症状，消除职业倦怠的发生、发展，保障指战员身心健康。

第一节　矿山救护队员心理选拔

矿山救护队管理严格，学习、训练任务重，考核、演习多，经常参加评比或竞赛，在事故处理中会时时面对危险。因此，矿山救护队在招收新队员时，应注重对应职队员的心理选拔，选拔心理素质高、承压能力强、反应敏捷、适合从事救援工作的队员，从而保证矿山救护队的整体水平与能力。

一、当前矿山救护队员选拔条件

对于新招收矿山救护队员的条件，《矿山救护规程》规定：“应具有高中（中技）以上文化程度，年龄在 25 周岁以下，身体符合矿山救护队员标准，从事井下工作在 1 年以上……凡有下列疾病之一者，严禁从事矿山救护工作：①有传染性疾病者；②色盲、近视（1.0 以下）及耳聋者；③脉搏不正常，呼吸系统、心血管系统有疾病者；④强度神经衰弱，高血压、低血压、眩晕症者；⑤尿内有异常成分者；⑥经医生检查确认或经实际考核身体不适应救护工作者；⑦脸形特殊不适合佩用面罩者。”

受教育水平、医学检查、年龄及体能测试等只是筛选的基础标准，也有救护队在招收新队员时增加了面试或理论考试环节，可简单地了解一些应职队员个性特点、应付能力及确认教育水平，但并不能测试出其心理素质情况、反应的灵敏度、人格类型及智力水平等，因而，选拔出来的矿山救护队员，并不一定能满足矿山救护工作要求。

总的来说，矿山救护队在新队员的选拔上尚没有一套较为完整的测评体系，测评的主观随意性较大，手段较为简单、传统，结构化面试、心理测验的应用程度还比较低。

二、矿山救护队员心理选拔方法

矿山救护队员的心理选拔是职业心理选拔的一种，是借助心理学的测验或非测验技术，依据矿山救护工作的特点及对矿山救护队员心理特征的要求，对应职矿山救护队员从事救护职业的适合状况所进行的预测和评定，也就是依据矿山救护工作的要求与个体心理特点和个性品质的相互关系，对应职矿山救护队员进行的职业选拔。

依据矿山救护队的工作性质和矿山救护队员的工作特点，明确其必需和关键性的技术能力、心理品质等方面的要求及标准，借鉴军人、潜水员心理选拔方式，按照心理测量理论，确定矿山救护队员心理选拔的具体方法。矿山救护队员心理选拔方法有行为观察法、同伴评估及纸笔测验法。

（一）行为观察法

在救护队员心理选拔中，行为观察法主要涉及面试和目测两个方面。它可以单独进行，也可以与其他选拔方法同时进行。一般说来，观察内容主要包括如下几个方面。

（1）仪表。仪表包括穿戴、举止表情等。

（2）身体外观。肥瘦、高矮、畸形或其他特殊体形。

（3）人际沟通风格。如行为举止大方或尴尬、主动或被动、可接触或不可接触等。

（4）言语和动作。言语的流畅性、中肯性、简洁性、有无赘述等表达能力。动作方面，过少、适度、过度、怪异动作、刻板动作等。

（5）个性特点。在交往中所表现的兴趣、爱好和对人对事对己的态度等。

（6）应付能力。在困难情境中的应付策略、方法、情绪表现等。

在利用行为观察法观察应职队员时，可事先为仪表、身体外观、人际沟通风格、言语和动作、个性特点、应付能力6个项目制定评分标准，统一面试问题和评分标准，即采取结构化观察，以取代日常用语描述。此举虽然缺少灵活性，但是信度较好，成本低，也便于最终测验结果的评定。

在主试人员的选择上，不能仅限于矿山救护队人力资源管理部门，应由中队长、小队长及部分优秀老队员共同参与，平均每名主试人员对某位应职队员评分，即为该应职队员的得分。

（二）同伴评估

同伴评估由与其在同一水平的其他应职队员做出。同伴评估的结果一般比较满意，效度较高。同伴评估的效度随着共同训练、考核相伴的时间长短而变动。可采用同伴打分方式进行同伴评估，评分项目包括训练表现、帮助他人等方面，平均多个同伴的打分，为某一应职队员最终得分。

（三）纸笔测验法

由于经济合算、操作简便、可以大规模的团体施测和效率较高，纸笔测验法一直是心理选拔的主要方法。随着计算机辅助测验的出现，且其具有统一指导语、自动化施测、测验结果自动化评判等特点，使纸笔测验人为错误明显下降，测验过程更加省时、经济和有效，测验结果也更加准确。

1. 智力测验

智力测验是对人表现在各种领域、各种场合的一般能力的测量，故亦称一般能力测验。矿山救护队选拔新队员进行智力测验时，可用瑞文标准推理测验（SPM）。

SPM是由英国心理学家瑞文编制的一种非语言的图形智力测验，适用于团体智力测验，因完全是图形测验，故较少受到文化背景因素的影响。SPM有60道题目，分为A、B、C、D、E共5组，5组题目及每组内部题目的难度皆为逐渐上升的。A组题目主要测查辨别、图形比较等方面的能力；B组题目主要测查类同比较、图形组合等方面的能力；C组题目主要测查比较、推理、图形组合方面的能力；D组题目主要测查系列关系、图形组合方面的能力；E组题目主要测查组合、互换等抽象能力。图2-1为D3测验页（测验题），选择合适的小图片补充到图案缺少的空白上，将小图片号码填写到答卷纸上即可。瑞文标准推理测验没有时间限制，一般被试者可在 40 min 内完成。评分时，对照标准答案，每答对 1 题记 1 分，满分为 60 分，受试应职队员答对题目的总数，即为最终得分。

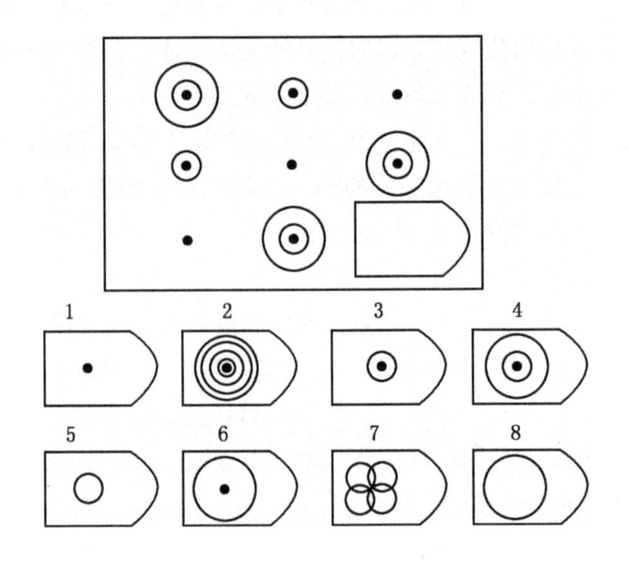

图 2-1　SPM 的 D3 测验页

2. 特殊能力倾向测验

特殊能力倾向是在某一特殊领域活动中表现出来的能力倾向，这种潜伏的能力倾向是遗传与环境交互作用的结果，归根到底是社会实践活动的产物，在不同的人身上有不同的表现。特殊能力倾向测验是专为测验个体某一特种能力倾向而设计的测验。

矿山救护队员在事故处理的恶劣现场进行仪器操作或心肺复苏时，需要反应敏捷、沉着，不受或少受外界干扰；且在黑暗环境中，也需要有正确的辨识能力。故在特殊能力倾向测验时，选择测验操作简单、过程方便控制、测验结果易于处理的视觉反应时、场依存性及动觉记忆。

1）视觉反应时

从视觉刺激呈现到应答性反应开始之间的时间间隔，又称视觉反应潜伏期，它表明了人体神经与肌肉系统的协调性和快速反应能力。按视觉刺激与反应的型式，视觉反应时可分为简单反应时和选择反应时。向被试呈现单一的光刺激，被试做出同样的反应，从视觉刺激呈现到应答性反应开始之间的时间间隔，为简单视觉反应时；向被试呈现不同的光刺激，被试根据刺激的类型做出不同的反应，从视觉刺激呈现到应答性反应开始之间的时间间隔，为选择视觉反应时。

视觉反应时可用视觉反应时实验仪进行测验，视觉反应时实验仪刺激呈现范围 260 mm×110 mm，简单反应时由一个直径为 7.5 mm 的光源发出光刺激，选择反应时由两个 4×4 的灯光方阵发出光刺激，数字计时器记录的最长时间为 99.99 s，精度为 0.01 s。

（1）简单视觉反应时测验。受试应职队员当看到屏幕灯亮时，迅速将按钮按下去，此时屏幕灯灭，表示受试应职队员已经对灯光信号做出了反应。这时，松开按钮，准备下一次灯亮。当听到“嘟”的声音时，表示此次测验已经结束。共测验 30 次，红、绿、黄 3 种颜色光各 10 次，记录红、绿、黄 3 种颜色的简单反应时的平均值。

（2）选择视觉反应时测验。左手、右手分别拿好“左”“右”反应键，屏幕的左、右两侧将同时出现一组纵向排列的黄色灯光，两组灯光的数量不一样。比较一下，如果左边的灯光多，就迅速将左手的按钮按下去；如果右边的灯光多，就迅速将右手的按钮按下去。当听到“嘟嘟嘟”的声音时，表示此次测验已经结束。共测验 30 次，红、绿、黄 3 种颜色光各 10 次，记录选择反应时平均值和错误次数。

计算 3 种颜色简单反应时的平均值，所得结果即为受试应职队员的视觉简单反应时。选择反应时平均值为受试应职队员的视觉选择反应时。

2）场依存性

人在认知和行为中受客观环境的影响而做出主体性倾向的程度，即场依存性。所谓场，就是环境，场依存性是指一个人独立性的程度。有些人知觉时较多地受他所看到的环境信息的影响，有些人则较多地受身体内部线索的影响。个体较多地依赖自己所处周围环境的外在参照，用环境的刺激来定义知识、信息称作场依存性。场独立型的人在信息加工中对内在参照有较大的依赖倾向，善于进行知觉分析，能把所观察到的因素同背景区分开来，知觉较稳定，不易受背景的变化而变化，所以场独立型知觉方式又称为分析型知觉方式。

场依存性可用棒框仪进行测验。如图 2-2 所示，棒框仪包括一个暗视场背景中亮度均匀的亮框和亮棒，棒在框的内部，二者都可单独作顺时针或逆时针调节，并且有读数盘随时将框和棒的倾斜角度用指针显示出来。

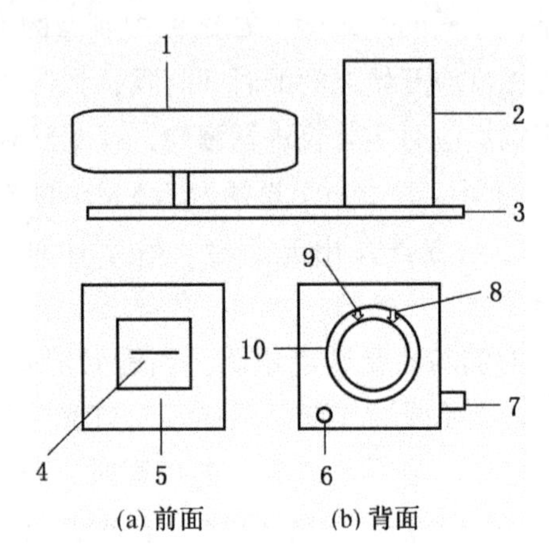

1—观察镜筒；2—棒框仪；3—底座；4—亮棒；5—亮框；
6—框调节钮；7—棒调节钮；8—棒角度指针；9—框角度指针；10—读数盘

图 2-2　棒框仪

实验时，令受试应职队员双眼紧贴观察孔，待暗适应后，将棒调节到与地面垂直的位置，而后主试不断改变框与地面的倾斜角，同时记录受试应职队员确认调节后的棒的倾斜角度。如果在零度右边，数据记“+”；如果在零度左边，记“-”，测验满 8 次结束。8 次测验中框倾斜度依次调整为 30°、10°、40°、20°、30°、10°、40°和 20°。前 4 次棒倾斜度调整为 110°，后 4 次棒倾斜度调整为 70°。每次测验实际所得的度数与设定度数差值的绝对值为该次测验的结果，8 次测验结果的平均值即为最后评分。

3）动觉记忆

动觉记忆是人脑对自身躯体骨骼、肌肉的位置关系及相对运动的信息进行储存、编码和提取的过程，可以用动觉方位辨别仪进行测验。动觉方位辨别仪可测定左右前臂在左右空间上位移的动觉感受性，由一个半圆仪、一个与半圆仪圆心处的轴相连的鞍座、一副不透光的眼罩组成，如图 2-3 所示。半圆仪的直径为 600 mm，度数的标记共有两行，都是 0°～180°，外侧一行按顺时针方向增加，内侧一行按逆时针方向增加。半圆仪上有 7 个制止器，沿半圆仪边缘从 30°～150° 之间间隔 20°有规律排列，主试可将其托起或放下。

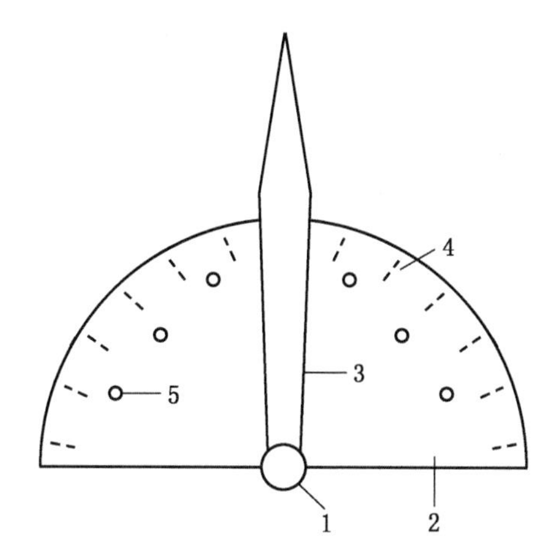

1—鞍座；2—半圆仪；3—支架；4—刻度；5—制止器

图 2-3　动觉方位辨别仪

测验时，让受试应职队员戴上遮眼罩，主试根据实验要求将某个度数上的制止器从下方托起来，要求受试应职队员把他的胳臂平放在鞍座与支架上，并用手指夹紧支架上手指夹杆（可依手臂长度调节此杆位置），从半圆仪的 0°处摆动他的胳臂直到碰到制止器为止。这一摆动的幅度为标准幅度。主试移去制止器，并将受试应职队员前臂复归到 0°处，要求受试应职队员复制出他刚才摆动的幅度。记录实际幅度与标准幅度的偏差值，每次测验实际所得偏差值的绝对值为该次测验的结果，共测验 9 次，30°、70°及 90°动觉记忆测验各 3 次，9 次测验结果的平均值即为最后评分。

3. 人格测验

人格是指个人在与环境相互作用过程中形成的相对稳定的心理特质和行为倾向的整体结构，它决定着个人行为的独特性。简单来说，人格就是指一个人相对稳定的心理特征和行为倾向。人格测验是通过一定的方法，对人行为中起稳定调节作用的心理特质和行为倾向进行定量分析。

在企业和学校的职业选择、人员招聘和选拔等应用领域中，卡特尔 16 种人格因素问卷（16PF）和加州心理调查表（CPI）的应用较为普遍，在矿山救护队员选拔中，选用 16PF 进行测验。

16PF 共 187 题，均为选择题，分别测验人格的 16 个因素，应职队员以直觉性的反应依题作答在测题纸上，无须迟疑不决，拖延时间，每一题只可选 1 个答案，不可遗漏任何测题。16PF 目前已发展出多种计算机评分软件，可以由计算机进行评分，做出轮廓图，写出解释报告，其结果包括 16 种人格因素、4 种次元人格因素和 4 种综合人格因素分析。

1）16 种人格因素分析

各因素标准分的范围为 1~10 分，3 分以下（含 3 分）属于低分，8 分（含 8 分）属于高分，4~7 分为中间状态。

因素 A 乐群性：高分者外向、热情、乐群；低分者缄默、孤独、内向。

因素 B 聪慧性：高分者聪明、富有才识；低分者迟钝、学识浅薄。

因素 C 稳定性：高分者情绪稳定且成熟；低分者情绪激动不稳定。

因素 E 恃强性：高分者好强固执、支配攻击；低分者谦虚顺从。

因素 F 兴奋性：高分者轻松兴奋、逍遥放纵；低分者严肃审慎、沉默寡言。

因素 G 有恒性：高分者有恒负责、重良心；低分者权宜敷衍、原则性差。

因素 H 敢为性：高分者冒险敢为、少有顾忌、主动性强；低分者害羞、畏缩、退却。

因素 I 敏感性：高分者细心、敏感、好感情用事；低分者粗心、理智、着重实际。

因素 L 怀疑性：高分者怀疑、刚愎、固执己见；低分者真诚、合作、宽容、信赖随和。

因素 M 幻想性：高分者富于想象、狂放不羁；低分者现实、脚踏实地、合乎成规。

因素 N 世故性：高分者精明、圆滑、世故、人情练达、善于处世；低分者坦诚、直率、天真。

因素 O 忧虑性：高分者忧虑抑郁、沮丧悲观、自责、缺乏自信；低分者安详沉着、有自信心。

因素 Q_1 实验性：高分者自由开放、批评激进；低分者保守、循规蹈矩、尊重传统。

因素 Q_2 独立性：高分者自主、当机立断；低分者依赖、随群附众。

因素 Q_3 自律性：高分者知己知彼、自律谨严；低分者不能自制、不守纪律、自我矛盾、松懈、随心所欲。

因素 Q_4 紧张性：高分者紧张、有挫折感、常缺乏耐心、心神不定，时常感到疲乏；低分者心平气和、镇静自若、知足常乐。

2）次元人格因素分析

在16种人格因素的基础上，进行了二阶因素分析，得到了4个二阶公共因素，这4个二阶公共因素即是综合相应一阶因素信息的次元人格因素。

（1）适应与焦虑性=$(38+2L+3O+4Q_4-2C-2H-2Q_3)\div10$，式中字母分别代表相应量表的标准分。低分者生活适应顺利，通常感觉心满意足，但极端低分者可能缺乏毅力，事事知难而退，不肯艰苦奋斗与努力。高分者不一定有神经症，但通常易于激动、焦虑，对自己的境遇常常感到不满意；高度的焦虑不但减低工作的效率，而且也会影响身体的健康。

（2）内外向性=$(2A+3E+4F+5H-2Q_2-11)\div10$，运算结果即代表内外向性。低分者内向，通常羞怯而审慎，与人相处多拘谨不自然；高分者外向，通常善于交际，开朗，不拘小节。

（3）感情用事与安详机警性=$(77+2C+2E+2F+2N-4A-6I-2M)\div10$，所得分数即代表安详机警性。低分者感情丰富，情绪多困扰不安，通常感觉挫折气馁，遇问题需经反复考虑才能决定，平时较为含蓄敏感，讲究生活艺术；高分者安详警觉，果断刚毅，进取精神，但常常过分现实，忽视了许多生活的情趣，遇到困难有时会不经考虑，不计后果，贸然行事。

（4）怯懦与果敢性=$(4E+3M+4Q_1+4Q_2-3A-2G)\div10$，低分者常人云亦云，优柔寡断，受人驱使而不能独立，依赖性强，因而事事迁就，以获取别人的欢心；高分者独立、果敢、锋芒毕露，有气魄，常常自动寻找可以施展所长的环境或机会。

3）综合人格因素分析

（1）心理健康者的人格因素=$C+F+(11-O)+(11-Q_4)$，式中字母为各量表的标准分。运算结果代表了人格层次的心理健康水平，通常在0~40分之间，一般不及12分者情绪很不稳定。

（2）专业而有成就者的人格因素=$2Q_3+2G+2C+E+N+Q_2+Q_1$，通常总和分数介于10~100分之间，60分约等于标准分7，63分以上约等于标准分8、9、10，67分以上者一般应有所成就。

（3）创造力强者的人格因素=$2(11-A)+2B+E+2(11-F)+H+2I+M+(11-N)+Q_1+2Q_2$。

将运算得到的总分换算成相应的标准分，标准分越高，其创造力越强。

（4）在新环境中有成长能力的人格因素 = $B+G+Q_3+(11-F)$，运算总分介于4~40分之间，17分以下者不太适应新环境，27分以上者有成功的希望。

三、矿山救护队员心理选拔结果评定

矿山救护队员在进行心理选拔时，可进行多个测验，包括受教育水平、医学检查、年龄、体能测试、理论考试、面试和目测、同伴打分、SPM、视觉反应时、场依存性、动觉记忆及16PF，需要将这些分数或项目测验结果组合起来，以获得总的预测或结论，即选拔结果评定。

1. 直接淘汰

应职队员中，受教育水平、医学检查、年龄3个项目中，有任一项不符合规定的，即直接淘汰。

2. 临床判断

除直接淘汰的项目外，应职队员的选拔还有体能测试、理论考试、面试和目测、同伴打分、SPM、视觉反应时、场依存性、动觉记忆及16PF等项目，限于没有理想程序来做推理性加权，可采用临床判断方法做结果评定。

临床判断是根据直觉经验，主观将上述项目组合得出结论或预测的方法。成立临时评定小组，组员包括部分大队长、中队长、小队长、应职队员临时管理人员及优秀老队员代表，针对应职队员各个测验项目结果，综合评判，集体讨论通过或淘汰，完成应职队员的心理选拔。

相对传统的基础筛选，对应职矿山救护队员进行心理选拔，更具科学性、全面性。行为观察法、同伴评估及纸笔测验法具备可操作性，但临床判断法缺乏系统的数据分析，没有精确的数量指标，且主观加权可能受到评定人员的偏见影响。

第二节　矿山救护队新入职队员角色转变

矿山救护队需按规定定期招收大量新队员入队。由于角色的变化，即由入职以前的角色，如矿工角度、退役军人角色、学生角色，变化为矿山救护队员这一新的角色，在入职初期会有很多不适应，面对全新的环境，全新的岗位，全新的人际关系，需要调整自己心态和学习新的技能，以适应救护队员这一新的角色的

要求。针对矿山救护队队员的角色转换，需应用社会角色转换理论，分析矿山救护队员角色转换过程，即社会角色的学习、扮演或者冲突的过程，指导新入职矿山救护队员形成角色观念，学习新角色所需具备的技能，同时，研究矿山救护队员在角色转换过程中的角色冲突表现形式及原因，制定相应对策，以使新入职矿山救护队队员顺利实现角色转换。

一、社会角色及角色理论

1. 社会角色

社会角色是处于一定社会地位的个体，依据社会的客观期望，借助自己的主观能力适应社会环境所表现出来的行为模式。社会角色的特征：首先，角色是一套社会行为模式；其次，角色是由社会地位和身份所决定，而非自我认定的；最后，角色是符合社会期望的，包括社会规范、责任、义务等。

社会角色有 3 个要素：角色权利、角色义务及角色规范。

（1）角色权利是角色扮演者所享有的权力和利益。角色权力是指角色扮演者履行角色义务时所具有的支配他人或使用所需的物质条件的权力；角色利益是指角色扮演者在履行角色义务后应当得到的利益，如工资、奖金、福利、实物等物质报酬，以及获得表扬、荣誉、称号等精神报酬。

（2）角色义务是角色扮演者应尽的社会责任。角色义务包括角色扮演者“必须做什么”和“不能做什么”两个方面。

（3）角色规范是指角色扮演者在享受权利和履行义务过程中必须遵循的行为规范或准则。角色规范可以分为正向规范（即扮演者可以做、应当做和需要做的行为规范）和反向规范（扮演者不能做、不应当做的各项行为规定）。

2. 角色理论

角色理论并非一种完整严密的理论体系，而是泛指一系列与角色概念相关的理论内容，是一种试图从人的社会角色属性解释社会心理和行为的产生、发展、变化的社会心理学理论取向。由于角色理论的概念体系比较接近真实生活，因而具有良好的解释能力。

二、矿山救护队员角色转换过程

个体进入或占据一定的社会位置的过程，其实就是社会角色的学习、扮演或者冲突的过程。矿山救护队员的角色转换，是由入职以前的角色，如矿工角色、退役军人角色、学生角色等，通过对矿山救护队员这一新角色的学习、扮演，从而实现角色转换。

（一）角色学习

角色学习是角色扮演的基础和前提，它包括两个方面：一是形成角色观念；二是学习角色技能。对于矿山救护队员来说，就是要形成救护队员这一角色观念，并且学习救护队员这一角色所应具备的技能。

1. 形成角色观念

角色观念是指个体在特定的社会关系中对自己所扮演的角色的认识、态度和情感的总和。角色观念的内容包括 4 个方面：

（1）角色地位观念。角色地位是指个人在社会经济生活和政治生活中所处的位置。矿山救护队是处理矿山灾害事故的职业性、技术性并实行军事化管理的专业队伍，其任务有：①抢救矿山遇险遇难人员；②处理矿山灾害事故；③参加排放瓦斯、震动性爆破、启封火区、演习和其他需要佩用氧气呼吸器作业的安全技术性工作。矿山救护队员是救护队处于最基层的一员，是任务的直接执行者，其角色定位为受支配角色。矿山救护队员的地位观，应以集体主义为核心，将个人地位同所在单位——矿山救护队紧密联系在一起，要永远将矿山救护队的发展放在首位，热爱矿山救护工作，在事故处理过程中，要积极主动，勇往直前，全心全意为矿山安全生产服务。

（2）角色义务观念。角色义务观念指个体对自己所应履行的角色义务职责的认识。矿山救护队员的义务职责主要有：①遵守纪律、听从指挥，积极主动地完成领导分配的各项任务；②加强体质锻炼和业务技术学习，适应矿山救护工作素质需要；③保养好技术装备，使之达到战斗准备标准要求；④按照规定参加战备值班工作，坚守岗位，随时做好出动准备；⑤按规定行动准则与方案，积极救助遇险人员和消灭事故；⑥自觉遵守有关安全生产法律、法规、标准和规定，制止任何人的违章作业，拒绝任何人的违章指挥。

（3）角色行为观念。角色行为观念是个体对自己所扮演的角色的行为模式的认识。在按角色扮演者受角色规范的制约程度分类中，矿山救护队员属规定性角色，也称正式角色。规定性角色是指角色扮演者的行为方式和规范都有明确的规定，角色不能按照自己的理解自行其是。在正式场合下，规定性角色的言谈举止、责任、权利、义务以及办事的程序都有明确的规定，应该做什么和不应该做什么都必须按照规定办。矿山救护队员在队内及外出执行任务时，要一切行动听指挥，严守纪律，个人队内应做到常洗澡、常理发、常换衣服，外出着队服时，要着装整齐、举止端正，行走时不准吸烟、吃东西、手插入口袋内、东张西望、搭肩挽肩，处处讲文明讲礼貌。

（4）角色形象观念。角色形象观念指个人对自己所扮演的角色所应具有的思想、品格和风格方面的认识，也就是在与别人的互动中，应以什么样的形象出现。根据角色扮演者的最终意图，可把角色分为功利性角色和表现性角色。功利性角色，是指该角色行为是计算成本、讲究报酬、注重实际效益的，这种角色的价值在于利益的获得，在于行为的经济效果；表现性角色，是指该角色行为是不计报酬的，或虽有报酬，但不是从获得报酬出发而采取的行为模式。表现性角色，其目的不是报酬的获得，而是表现或追求特定社会价值的实现，或者满足个体内在价值的需要。矿山救护队员作为表现性角色，要像《矿山救护队队歌》歌词中那样："常备不懈严备战，赴汤蹈火永向前……为民去抢险……一切行动军事化，闻警出征似闪电。不怕火害凶，不怕洪水淹，团结拼搏齐奋斗，无私奉献……"

2. 学习角色技能

学习角色技能，即学习顺利完成角色扮演任务，履行角色义务，塑造良好角色形象所必备的知识、智慧、能力和经验等。首先，角色学习是综合性学习，而不是零碎片段的学习，因为角色是根据它所处的地位而由各种行为方式组合起来的一个整体。其次，角色学习是在互动中进行的学习，没有相互的角色互动，没有参照个体或参照群体作为角色学习的榜样和楷模，也就很难体会角色的权利、义务和情感，因此，角色学习是在社会交往活动中实现的。

《矿山救护规程》规定，新招收的矿山救护队员应经 3 个月的基础培训和 3 个月的编队实习，并经综合考评合格后，才能成为正式队员。3 个月的基础培训，就是新入职的矿山救护队员进行的综合性学习，系统学习扮演矿山救护队员角色所需的知识、能力；3 个月的编队实习，就是互动学习，编入小队集体，接受"以师带徒"的培养模式，接受集体的熏陶、影响，在集体中学习、成长。

在综合性学习中，学习训练内容主要有：①矿山救护队的历史、工作性质、任务、运行模式及规章制度；②矿山救援业务理论知识；③综合体质，包含引体向上、举重、跳高、跳远、爬绳、哑铃、负重蹲起、跑步 2000 m、激烈行动（佩用呼吸器、按火灾事故携带装备，行走 1000 m，拉检力器 80 次）、耐力锻炼（佩用呼吸器负重 15 kg，行走 10000 m）、高温浓烟训练；④包含闻警集合与入井准备两项目的救援准备训练；⑤挂风障、建造木板密闭墙、建造砖密闭墙及安装局部通风机和接风筒、安装高倍数泡沫灭火机、安装惰性气体发生装置或惰泡装置等一般技术操作；⑥心肺复苏及伤员急救处置等医疗急救技能；⑦军事化风纪、礼节、队容操作训练；⑧救援装备的维护、保养与操作。

编入小队互动学习时，新入职矿山救护队员参加小队一切工作，并且与小队成员一天 24 h 同吃同住同活动，一是将所学业务理论知识应用于实际，在实践中进一步熟悉、掌握；二是在集体项目训练中，如救援准备训练、一般技术操作，学习与小队其他队员之间的配合与合作；三是通过接受小队长、副小队长或师傅的明确指令、模仿他人、接受他人暗示及浸润式影响，个体新入职时因面对新环境、新岗位而感到了强烈的自我意识慢慢下降，进而表现为从众、服从或顺从，将矿山救护队的理念、行为规范、团队文化内化入心，在心理上、思想上融入小队。

（二）角色扮演

角色扮演是指人们按照其特定的地位和所处的情境而表现出来的行为。当一个人具备了充当某种角色的条件且去担任这一角色，并按这一角色所要求的行为规范去活动时，这就是社会角色的扮演。社会角色的扮演通常需要经历角色期望、角色领悟和角色实践 3 个阶段。

1. 角色的期望阶段

矿山救护队员从入职的那一刻开始，便受到社会和他人对其角色的义务、权利和规范提出的要求。这是外在的要求，如果偏离角色期待就可能招致他人的异议、反对或救护队规章制度的处罚。面对角色的期望，新入职矿山救护队员需进行角色学习，为其真正获得队员角色而进行必要的知识准备。

2. 角色的领悟阶段

角色领悟是指角色承担者对角色的认识理解。在角色的扮演中，仅仅了解外在的要求是不够的，还需要角色承担者根据自己的思想理论背景、知识文化水平、价值观念等对角色做进一步地认知与了解。角色领悟是角色扮演的内在力量，新入职矿山救护队员要依据别人（包括师傅、小队长及同事）对自己的态度等领悟自己的形象，并按照别人的期望不断调节自己。角色扮演的成功与否，与角色扮演者对自己角色的领悟程度有关。

3. 角色的实践阶段

角色实践是个人在实际行动中表现出来的角色。这是期望与领悟的进一步发展，是在个人实际行动中表现出来的角色。

新入职矿山救护队员，要不断学习、调整，不断提升自己，实现从实践角色到领悟角色再到期望角色的进步。

三、角色冲突表现形式、原因及对策

角色冲突是指占有一定地位的个体在角色之间或角色与不相符的角色期望之间发生冲突的情境，换言之，角色冲突是指角色扮演者在角色实践中出现的心理上、行为上的不适应、不协调的状态。

（一）表现形式

新入职矿山救护队员，在角色实践中，面临着种种角色冲突。

1. 受老队员欺凌

矿山救护队内部等级严，实行严格的层级管理，小队内部除小队长、副小队长外，还依据能力、业绩等对所有队员进行定位，分别为 1 号队员、2 号队员、3 号队员……并依此赋予相应职权与任务，新入职的矿山救援队员排名最后，受小队其他所有老队员的节制，其中不乏受老队员无理训斥、殴打、强迫其帮打洗脚水、倒洗脚水等欺凌现象。

2. 照顾不了家庭

新入职矿山救护队员，在基础培训阶段一般实行全封闭管理，周一至周五全天候在队，周六日才能回家休息，编队实习及以后，需按照规定参加战备值班工作，虽各救护队模式不同，但至少连续 24 小时守在队内，不能外出，并做好随时出动、处理事故的准备。在此期间，没有条件去履行作为一孩子、丈夫、父亲的责任，照顾不了家庭。

3. 管理方式的不适应

新入职的矿山救护队员，年轻、充满活力，个性张扬，自我意识强，但矿山救护队实行军事化管理，强调的是步调一致听指挥、下级服从上级，致使新入职的矿山救护队员不适应，感觉没有了人身自由，个性被抹杀。此外，新入职矿山救护队员只能执行命令，很少有机会参与决策，对自身工作认同少，缺乏自豪感、归属感。

4. 恶性竞争

矿山救护小队是最基本的作战单位，是一个统一的集体，在学习、训练、考核中，特别是在救援准备、一般技术操作、医疗急救技能、军事化风纪、礼节、队容操作训练等集体项目，每名队员均需密切合作、相互配合，才能正确、无误、在规定时间内完成。在事故处理过程中，任何一名队员的失误都可能导致救援行动的失败，甚至人员伤亡。一方面，队员之间的合作不可避免，且这种合作需要充分信任；另一方面，与收入挂钩的考核、晋升及评先方面的竞争，使队员之间相互提防、猜忌，相互诋毁的情况也是存在的。

5. 多头指挥

新入职的矿山救护队员都有若干个上级，比如小队长、副小队长，还有师傅，还有更高级的间接上级，如中队长、副中队长。在实际工作中，这些上级可能对其发号施令，如果这些上级的命令相互之间存在着矛盾，就使得该队员无所适从，难以抉择。

6. 缺乏自信心

《矿山救护规程》规定，“新招收的矿山救护队员应具有高中（中技）及以上文化程度，年龄在25周岁以下，身体符合矿山救护队员标准，从事井下工作1年以上……”但实际上，很难招收到符合文化、年龄要求的新队员，即使新入职矿山救护队员具有高中（中技）及以上文化程度，但学过的一些知识早就忘得差不多了，入职后，需学习矿山救援业务理论知识、一般技术操作、心肺复苏及伤员急救处置等医疗急救技能、救援装备的维护、保养与操作等，加之矿山采掘技术发展迅速，在安全上不断出现新情况、新局面，事故也千变万化，新入职矿山队员，难免会因为个人能力的欠缺而产生紧张、恐惧等不良心理反应，缺乏做好工作的自信心。

7. 危险性

矿山发生事故后，国家财产和矿山职工的生命受到危害，在其他人员无法处理的情况下，矿山救护队员必须携带救护装备、仪器，深入抢险救灾第一线，抢救人员，消除事故。救护人员遇到的困难是常人无法想象的，事故现场条件艰苦，环境恶劣，有时甚至威胁到自身安全。全国每年均有矿山救护队自身伤亡的发生与报道，也是对矿山救护队员身心的巨大考验。工作性质的危险性，令新入职的矿山救护队员倍感压力与恐惧。

新入职矿山救护队员的角色冲突及其带来的压力，势必影响其日常工作，甚至拖延其正常入职时间，进而影响整个小队甚至中队工作。

（二）原因分析

在社会中，任何人都不可能仅仅承担某一种角色，总是要承担多种社会角色，而矿山救护队员除了矿山救护队员这一角色外，还为人父、为人子、为人夫，是他人亲戚、朋友……这些角色又与更多的社会角色相互联系，构成了角色丛，也称为角色集。由于角色丛的存在，新入职矿山救护队员在角色之间或角色与不相符的角色期望之间就引发了角色冲突。引发角色冲突的原因是多方面的。

1. 个人方面的原因

从个人角度来讲，新入职矿山救护队员心理社会适应水平越高，角色扮演能力越强，就越容易理解角色的规范、责任及义务，越容易完成工作任务等，其角色冲突发生的可能性就越小。具有合群、乐观、决断、坚韧、机敏、自信、淡泊人格的新入职矿山救护队员，在入职进行角色转换时角色冲突程度低。

2. 矿山救护队方面的原因

矿山救护队组织结构、文化氛围是影响新入职矿山救护队员心理的重要因素。矿山救护队实施大队-中队-小队管理模式，再加上在小队排名靠后，新入职矿山救护队员受到的管理层级多，命令系统复杂，其角色冲突的可能性就高；矿山救护队实行严格的军事化管理，纪律严明，要求一切行动听指挥、下级服从上级，推行的是“团结紧张、严肃活泼”，但实际上，往往做到了紧张、严肃，而团结、活泼不足，新入职矿山救护队员只有执行的“权力”，缺乏自主性，在一定程度上引发了角色冲突。

此外，日复一日重复机械的训练、考核，训练、考核内容与项目基本不变，形式固化，新入职矿山救护队员会产生一种疲惫、困乏，甚至厌倦的心理，易致角色冲突的发生。

3. 外界环境因素

矿山救护队员属表现性角色，虽有工资收入，但不是以获得工资收入为目的。新入职矿山救护队员在事故处理、培训及矿山安全检查与人相处时，与亲戚朋友交往中，受他人影响，可能会动摇自己的信念，引发角色冲突。

（三）对策

新入职矿山救护队员的角度冲突，会影响到其角色的实践。虽然不能完全消除角色冲突，但是可以通过相应对策使矿山救护队员角色冲突降至最低限度。

1. 优化角色环境

“蓬生麻中，不扶自直”，说明环境对人的思想和行为具有潜移默化的作用，所以大力营造积极健康的大队、中队、小队环境，在一定程度上可以抑制新入职矿山救护队员角色冲突的发生。①净化思想环境，加强理想信念教育；②建立真诚、可信、健康、和谐的人际环境，同时形成积极向上的文化氛围；③培养新入职队员的集体荣誉感，宣扬“首战用我、用我必胜”的主动请战精神。

2. 角色规范化

新入职矿山救护队员这一角色权利和义务都有明确的规定，这是避免角色冲突的有效手段。在实践过程中，矿山救护队要依据当时安全形势、抢险救灾需要，对新入职矿山救护队员角色权利和义务进行进一步清晰和划分，角色冲突就会减少到最低程度。新入职矿山救护队员按照更加清晰的规范去履行角色期待，可以在更大程度上避免角色冲突。

3. 角色层次法

角色持有者将两个以上相互冲突的角色的“价值”进行分层与排序，也就是将这些角色按其重要程度进行排列，将最有价值的角色排在首位，第二次之……依次做出角色重要性的心理分类。当发生角色冲突时，首先需要满足那些更重要的角色要求。如新入职矿山救护队员在同时接到不同上级的命令或指挥时，可依据他人期待的重要程度、对整体工作的影响大小及个人需要进行取舍或排序。

4. 自我完善

新入职矿山救护队员要严格要求自己，虚心学习理论知识及操作技能，并努力在行为方式、态度、情感和价值观上进行主动调整、改变，融入矿山救护队集体，时时对照矿山救护队员权利与义务，及时修正、完善自己。

针对新入职矿山救护队员的角色冲突现象，矿山救护队要优化环境，规范角色，使新入职矿山救护队员尽快适应新的角色要求，顺利成长为一名合格的矿山救护队员。

第三节　救护业务理论学习

矿山救护队在处理矿井灾害事故时，指战员只有拥有丰富的救护业务理论知识，才能灵活应对瞬息万变的灾情，并制定科学的处置方案和具体的办法、手段，保证迅速、安全救灾。《矿山救护规程》规定，从大队指挥员到救护队员，都需进行业务理论学习，并经培训、考试合格取得相应的资格证，方可从事救护工作，并将救护业务理论学习纳入质量标准化考核之中，同时，在历届各省级及国家级救援技术比武中，业务理论考试成绩所占比重也较大。不断提升救护业务理论水平，是实际工作的需要，也是政策的规定。研究业务理论学习新方法，遵循学习规律，才能提高学习效率，提升业务理论水平。

一、遵循记忆规律，提高学习效率

图 2-4 为记忆三级加工模型。在进行业务理论学习时，外界的刺激，包括教员的授课声音对听觉的刺激，书本的文字、公式及图像对视觉的刺激，首先进入感觉记忆，存储时间一般为 0.25~4 s，其中那些引起注意的感觉信息才会进入短时记忆（保持时间大致为 5~60 s），在短时记忆中存储的信息经过复述，存储到长时记忆中，存储时间为 1 min 以上，而保存在长时记忆中的信息在需要时又会被提取出来，进入到短时记忆中。

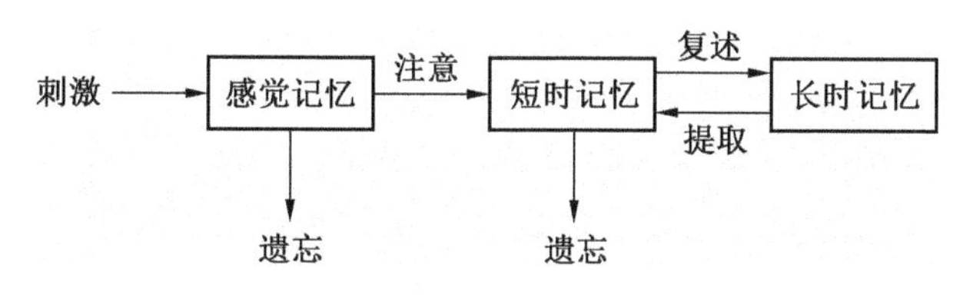

图 2-4　记忆三级加工模型

注意、复述在将刺激转为长时记忆中具有重要作用，同时，短时记忆及长时记忆的效果与对学习内容的加工深度、组块学习、利用外部记忆手段、学习时的心理因素及大脑的健康和用脑卫生有密切关系。

1. 注意

注意是心理活动或意识对一定对象的指向与集中。在进行业务理论学习时，要精力集中，专注于看书或听讲，才能有良好的学习效果。感觉记忆中，只有能够引起学习者注意并被及时识别的信息，才有机会进入短时记忆。相反，那些没有受到注意的信息，由于没有转换到短时记忆，很快就消失了。

2. 复述

短时记忆向长时记忆转化的条件是复述。复述分两种：一为机械性复述，是将短时记忆中的信息不断地简单重复，机械复述并不能导致较好的记忆效果；二为精细复述，对短时记忆中的信息进行分析，使之与已有的知识建立起联系，精细复述是短时记忆存储的重要条件。

如学习“矿井空气中氧气浓度降低的主要原因有哪些?”一题，可联系以前的知识或经历，如排放巷道瓦斯、佩用呼吸器，排放巷道瓦斯因为瓦斯浓度高，而致氧气浓度低，即矿井中各种气体的混入，使氧含量相对地降低；佩用呼吸器，定量孔一直在连续不断地供氧，是因为人的呼吸消耗了氧气，故人的呼吸也是氧气降低的原因之一。

3. 对学习内容的加工深度

对学习内容加工的深度不同，记忆的效果是不同的，加工越深，效果越好。

如在学习一氧化碳的危害时，先对其内容进行加工，找出规律：浓度越大，危害越大，中毒所需要的时间就越短；然后，以浓度 0.016% 为基数，数小时为起点，浓度为 2、3、8、25 倍（分别为 0.016%、0.048%、0.128%、0.4%）时中毒时间分别为数小时、1 h、0.5~1 h、很短时间，只需记住倍数及逐渐缩短的时间序列即可。

4. 组块学习

组块是指对需记忆或学习的内容进行有机组合，成一个整体（即组块化），或者扩大原来已形成的组块包含的信息量，两者均可以提高记忆的容量和效率。

如压入式局部通风机的“三专两闭锁”，可有机整合成两个组块：“三专”为“专用供给”，供给即包括变压器、线路及开关；“两闭锁”为“风、瓦斯闭锁”，即风、瓦斯分别与电的闭锁。瓦斯的性质、危害可整个为一个组块，“比重 0.554”，4 无（5）气体（无色、无味、无臭、无毒），浓度达 40% 以上时，能使人窒息。

5. 利用外部记忆手段

为了更好地存储记忆的内容，可采取一些外部记忆的手段，如记笔记、记卡片和编提纲。

6. 影响学习的心理因素

（1）态度。学习时抱着积极的态度，学习的效果容易提升，相反，在学习时消极、疲倦，学习成绩很难提高。

（2）自信心。一个队员如果对自己的能力缺乏自信，学习的成绩就不会有很大提高；过于自负、骄傲，也会降低自己的努力意志和注意的紧张度，因而影响学习效果。

（3）情绪状态。积极、欢快的心境能促进学习，而抑郁的心境会使学习成绩明显下降。

7. 注意大脑的健康和用脑卫生

大脑的健康状况及是否符合脑的生理特点用脑（即用脑卫生），直接影响记忆的好坏。

（1）保证充足睡眠。睡眠，是脑细胞全面休息的过程，对于恢复精力和体力、消除疲劳是必不可少的。睡眠不足，则精力和体力不能完全恢复，影响第二天的学习和生活。

（2）要有适宜的学习环境。适宜的学习环境主要是保持新鲜的空气、适宜的光线和良好的坐姿，使大脑得到充足的氧气。在柔和的光线下学习，可以减轻视觉的疲劳。适宜的学习环境有利于大脑高效率地工作，延缓脑细胞疲劳的来临。

（3）注意学习和休息的相互调节。在学习过程中应该有让大脑休息的时间。此外，学习时还可安排不同的学习内容或知识交替进行，目的就是不让大脑某一区域单一地、长时间地工作，两者都有利于消除大脑的疲劳。

（4）保证充分适当的营养。脑细胞的活动需要丰富的养料，但脑细胞本身又缺少储备营养物的能力，所以每天都应该供给大脑细胞充分适当的营养。

（5）不吸烟，不喝酒。大脑细胞对酒精和烟中的尼古丁这类毒性物质非常敏感，同时，这类毒性物质对神经冲动的传递起抑制作用，阻碍思维甚至使思维活动过早衰竭。

（6）积极参加体育锻炼。体育锻炼可以促进神经系统的灵敏性。

（7）养成规律的作息生活习惯。规律的作息生活习惯，可节省脑细胞的机能损耗，从而提高学习效率，预防过度疲劳。

二、勤于复习，减缓遗忘

图 2-5 为艾宾浩斯遗忘曲线，表示了在学习中记忆的内容遗忘的规律性：遗忘的进程不是均衡的，在记忆的最初阶段遗忘的速度很快，后来就逐渐减慢了，到了相当长的时候后，几乎就不再遗忘了。这就是遗忘的发展规律，即“先快后慢”的原则。

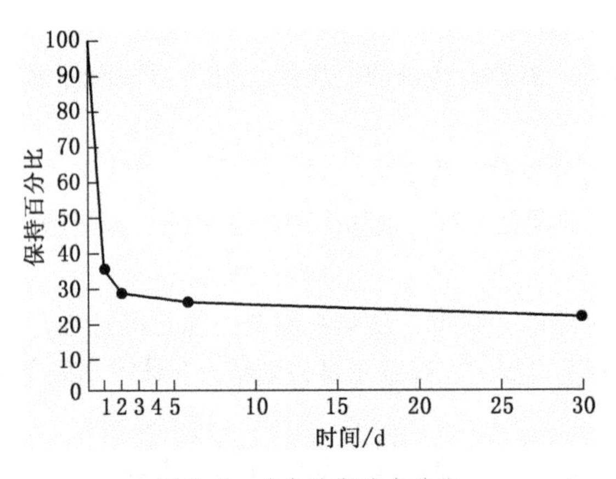

图 2-5　艾宾浩斯遗忘曲线

（1）在进行救护业务理论学习时，要及时复习，以产生保持百分比的叠加效应，从而增加保持百分比，以保证学习效果，做到真学进脑，真记进脑。

（2）注意学习前后序列的影响。在学习时，最先学习的内容、中间学习的内容及最后学习的内容记忆程度不同，遗忘多少也不同，为序列位置效应。最后学习的内容与最先学习的内容，记忆较深刻，遗忘较少，分别叫近因效应与首因效应，而中间部分则记忆不深，遗忘较多，故需加强复习。

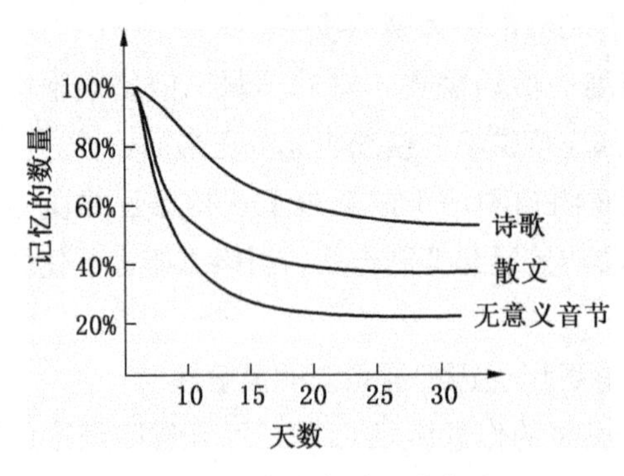

图 2-6　艾宾浩斯对比遗忘曲线

三、深刻理解，牢固记忆

艾宾浩斯在关于记忆的实验中发现（图 2-6），人比较容易记忆的是那些有意义的材料，而那些无意义的材料在记忆的时候比较费力气，在以后回忆起来的时候也很不轻松。所以对于学习的知识，首先要理解，理解其含义，然后再进行记忆，理解了的知识，就能记得迅速、全面而牢固。死记硬背，费力却收效不大。

学习《矿山救护规程》时其中出现的“必须”“严禁”“应当”“可以”等词，要正确、深入理解，光靠背诵是不行的，死记硬背时，可能将“应当”错误地记成“必须”，或者对这些副词根本没有印象，回忆不起来，甚至完全遗忘了。表示很严格，非这样做不可的，正面词一般用“必须”，反面词用“严禁”；表示严格，在正常情况下均应这样做的，正面词一般用“应当”，反面词用“不应或不得”；表示允许选择，在一定条件下可以这样做的，采用“可以”。

如采用隔绝法灭火时，其中有规定：“在封闭有瓦斯、煤尘爆炸危险的火区时，根据实际情况，可先设置抗爆墙。在抗爆墙的掩护下，建立永久风墙。”其中的“可”，是正常情况下应做的，而不是必须的，如果没有爆炸危险，就不用建抗爆墙。“在抗爆墙的掩护下，建立永久风墙”含义是如需建抗爆墙，则先建抗爆墙，在其掩护下，然后再建立永久风墙。某矿在封闭火区时，救护队为了缩短在危险区域工作时间，同时施工抗爆墙与永久风墙，严重违反了这一规定，是学习时理解不透只知大意而造成应用时回忆起来模糊不清的结果。

四、正确利用学习的迁移，防止相互干扰

人已掌握的知识或技能，可以影响到随后学习的另一种知识或技能，即为迁移。对随后学习起积极影响的，为正迁移；起消极影响的，为负迁移或干扰。一方面，主动、有意识地利用正迁移，可提高学习效率，如学会了用光学甲烷检定器测量甲烷浓度，而后学习测量二氧化碳浓度就感觉容易。另一方面，要积极应对干扰，如采煤工作面采煤结束正常封闭，要求密封墙离巷道口不大于 6 m，但在火区封闭时，则要求不小于 10 m，原来所掌握的 6 m 容易引起干扰，因此学习时需有意识地对抗干扰，将两个不同情况下封闭的规定放到一块，进行对比，分析其数据不同的原因：一个不大于 6 m，其目的是防止形成盲巷；一个不小于 10 m，其目的防止发生爆炸破坏了密闭墙、后退重建时有建墙位置，如此就不会引发干扰了。

在救护业务理论学习中，要遵循大脑记忆的规律，对学习的知识要勤于复习，深刻理解，并合理利用学习的正迁移，防范干扰，才能有效提升学习效率，

保持学习的效果，不断提升业务理论水平。

第四节　动作技能训练

动作技能是指矿山救护队员掌握和有效地完成专门技术动作的能力，是在大脑皮质主导下按照一定的技术要求由一系列的具体动作组成的肌肉活动。矿山救护队员的体能项目中的跳高、跳远、跑步，以及军事化队列、换氧气瓶、4 h 呼吸器换 2 h 呼吸器及呼吸器故障判断与处理等，均属于动作技能范畴。动作技能训练则是指通过训练或练习形成一系列稳定的动作方式，是以动作方式为对象，在反馈参与下反复多次进行的一种学习。

一、动作技能形成各过程训练要点

动作技能是在大脑皮质支配下的一种随意运动，从开始训练到熟练掌握是一个有机过程，其生理机制是暂时性神经联系。当内、外刺激反复作用时可形成条件反射，依据条件反射建立的牢固程度，即动作技能的水平，可分为泛化阶段、分化阶段及巩固与自动化阶段。

1. 泛化阶段

在学习动作的初期，通过他人讲解、示范和自己的实践，只能对该技能获得一些感性认识，对其内在规律并不完全理解和掌握；在训练时，新动作技能练习引起一系列新异刺激，通过各种感受器（尤其是本体感受器）上传到大脑皮质，引起大脑皮质有关中枢产生强烈兴奋。但此时内抑制过程尚未建立，条件反射的暂时性神经联系尚不稳定，因此大脑皮质有关中枢的兴奋与抑制过程都呈现扩散状态，进而出现泛化现象，导致不该兴奋的中枢产生兴奋，不该收缩的肌肉产生收缩。具体表现为动作僵硬、不协调，多余动作及错误动作多，动作不连贯及节奏紊乱等。

针对此阶段的特点，救护队员在训练某一项目的初期，要遵循以下原则：

（1）以各种直观学习和模仿练习为主，能够粗略掌握动作即可，不需过多关注动作细节。如在初学背越式跳高时，可让人多做示范或上网看视频，先掌握助跑前段跑直线、后段跑弧线及起跳、过杆的大致动作。初学呼吸器换氧气瓶时，可先看他人示范，然后学会呼吸器开盖、卸瓶、拿备用瓶、开关瓶，安装备用瓶、开瓶。

（2）可采用分解训练，将动作技能的各个环节拆散开进行训练，先分解后综合。如跳远可分解练习助跑、起跳、空中动作和落地各个动作，主要有原地模仿起跳、行进中模仿起跳、助跑起跳腾空步训练、行进空中动作训练等。对呼吸器席位故障判断与处理，可单独练习拆装软管、拆卸气囊、拆装自动补气阀等。

（3）适当降低动作难度，从简单到复杂，从易到难。对呼吸器故障判断与处理，可先进行拆装、检查训练，然后再增加故障判断及故障处理训练。

2. 分化阶段

随着矿山救护队员对所学动作的反复实践，动作技能会逐步改进和完善。此时，大脑皮质有关中枢的兴奋和抑制过程日趋分化和完善，抑制过程得到加强，特别是分化抑制的建立，使大脑皮质有关中枢的兴奋和抑制过程逐渐集中，条件反射活动也由泛化进入了分化。此时，不该收缩的肌肉会得到放松，多余动作会逐渐消除，错误动作会得到纠正，能够比较顺利连贯地完成技术动作，并初步形成动力定型。但这种动力定型还不够稳定，遇到新异刺激（如有人参观或干扰）或较强刺激（如进行比赛）时，错误动作可能还会重新出现。

在该阶段，应重点强化对动作细节的要求，促进分化抑制的建立和发展，使动作日趋准确。

（1）加深对动作各环节之间的联系及内在规律的认识和理解，建立完整的动作概念。

（2）强化正确动作，及时纠正错误动作。可采用想练结合、正误对比等方法，并运用语言刺激强化正确动作，及时纠正错误动作，防止形成错误的条件反射，形成错误的动力定型。

（3）加大动作难度，建立更精细的分化抑制。

（4）增加抗干扰能力。可组织人员观看训练，或在人多之处进行训练，如公园、广场，有意识增加训练队员的心理负担，逐渐提高队员的心理素质，防止在比赛或救援时出现错误动作。

3. 巩固与自动化阶段

在分化阶段后，矿山救护队员通过进一步反复练习，动作技能日趋巩固和完善，大脑皮质相关中枢的兴奋和抑制在时间上和空间上都更加集中和精确，不仅动作完成得更加准确、协调和完美，而且动作的某些环节还可出现自动化现象，即不必在大脑皮质有意识地控制下就能顺利完成动作。

巩固与自动化阶段的训练，以巩固为重点。

（1）教练对救护队员要提出进一步要求，加强对动作技能的理论学习，学习动作技能的原理、规范及要求，以加深对动作内在规律的认识和理解，促进动作达到自动化。

（2）经常检查动作质量，防止动作变形。由于自动化动作是在无意识状态下完成的，所以动作发生少许改变时往往不易被察觉，经多次重复训练后就被固定下来，容易造成动作质量下降，因此动作达到自动化后，依然需要不断检查动作质量，精益求精。

（3）坚持训练，巩固持久。动作技能的形成是在有关中枢建立起来的暂时性神经联系，需不断强化，否则，已建立起来的联系会中断，已获得的技能会消退，所以需不断训练、不断强化，使其保持更加持久。

二、动作技能训练效果影响因素分析

动作技能的形成是一个复杂的过程，受多方面因素影响，主要有迁移、反馈、注意力及高原现象等。

1. 迁移

动作技能的形成，是建立在原有技能的基础上，原有技能势必会对新技能的训练过程产生影响。了解动作技能的迁移规律，充分利用动作技能间的正迁移，并避免负迁移，有助于促进动作技能的掌握。

（1）梳理和分析不同类型的动作技能。在各项动作技能中，有很多基本环节相同或相似的动作，这些动作在训练时会相互产生影响。矿山救护队员在训练时，要针对不同项目的动作技能进行梳理，找出相近似的动作，明确这些不同项目动作技能间的异同点，以获得动作技能的正迁移，避免负迁移。如对比跳高与跳远项目，或对比背越式跳高与跨越式跳高，分析其助跑、起跳、腾空及落地动作的不同，以保证正迁移的发生，并避免相互干扰。

（2）合理安排训练顺序。在进行动作技能训练时，应先进行基础的和较容易掌握的技能，再逐步提升难度，利用其正迁移，可有效加速动作技能的掌握。如学会用光学甲烷检定器测量甲烷浓度，而后学习测量二氧化碳浓度就容易多了。

2. 反馈

反馈是在反应过程产生的输出信息又返回到输入信息中去，通过控制部位的调整，使再次输出的信息更为精确，如图 2-7 所示。反馈可增加动作技能的精确性，改善训练队员对自己动作的知觉和评价，从而可提高动作技能的水平。

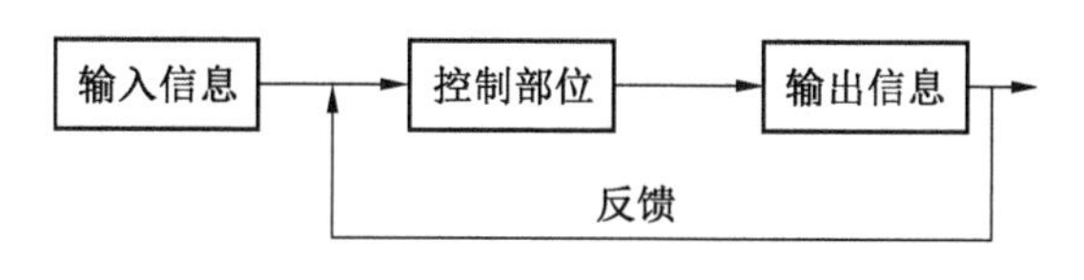

图 2-7　反馈示意图

（1）合理选择不同的反馈信息。在动作技能形成初期，由于大脑皮质兴奋与抑制过程呈现扩散状态，致使动作出现泛化现象。此时可充分利用视觉反馈信息，加强示范动作和模仿训练，强化视觉与本体感觉之间的联系；当动作技能进入分化阶段时，应多利用语言反馈等外来反馈信息，强化动作与思维的沟通。如在训练者完成动作后，教练或中队长及时用“好”“对”等外来反馈对正确动作进行强化。

（2）充分利用想象和回忆训练等反馈，强化动作的掌握。在进行某一动作训练之前，可先进行想象训练，想象动作的主要技术环节或应注意的要点，加深对动作的理解。

3. 注意力

注意力是心理活动或意识对一定对象的指向与集中的能力。人一次只能集中注意力于少量的信息，即注意的有限容量。在动作技能形成过程中，往往需要多种感觉信息参与，就这要求救护队员在训练时必须把注意力转移到最适宜的环境信息上，以加快条件反射的建立，加速动作技能的形成。

（1）依据注意力的局限性，合理安排训练。学习或技能训练时，要考虑注意力的限制，在训练初期，应强调动作过程目标，而不是动作结果目标，将注意力集中到正确动作的过程或动作的主要环节上。

（2）培养控制注意的能力。在动作技能训练时，将注意力集中到相应动作任务最为重要的信息源上。依据训练的不同阶段，注意力指向动作技能的不同方面。

（3）调整大脑皮质的兴奋状态。队员如果过度紧张、兴奋或焦虑，都会降低注意力。因此，在动作技能训练时，需要将大脑皮质调整到最适宜的兴奋状态，以提升注意力，顺利实现动作技能训练目标。

4. 高原现象

高原现象是指队员动作技能训练的成绩并非直线式地上升，有时会出现停滞不前的现象。其原因有长时间而集中的训练造成热情下降、身体过度疲劳，以及旧的技能结构的限制等。其中，旧的技能结构的限制可能是引起高原现象的一个最重要的原因。因此，通过改组旧的技能结构，并根据新的结构进行认真的训练，可排除高原现象。同时，要及时改变训练方法，调整思考问题的角度，都可以显著提高训练的效果。

如高原现象发生在进行呼吸器席位操作训练时，要想办法改进动作方式，能平行作业的则平行作业，能双手同时、分别操作的，则双手操作，并经摸索，将呼吸器工具放在操作台面上合适位置，保证在进行各个项目取、放工具时手移动距离最短、最省时及最顺手。

第五节　体能训练中的极点

矿山救护队员在进行体能训练时，特别是在进行体能竞赛这种强度较大、持续时间较长的剧烈运动时，心、肺等内脏器官的活动不能满足运动器官的需要，身体常常会产生一些特殊的生理反应，如呼吸困难、胸闷、头晕、心率剧增、肌肉酸软无力和动作迟缓不协调等，甚至产生停止运动的念头等，这种机能状态称为极点。只有认清极点的本质，并采取科学的方式方法应对，顺利度过极点，才能使运动得以持续下去，取得较好的训练效果，并保证身体不受运动损伤。

一、极点产生原因分析

极点是运动中机体协调功能暂时紊乱的一种表现。极点主要缘自内脏器官的生理惰性。在运动开始后，运动系统（肌肉、骨骼、关节）可很快发挥最大工作能力，但是呼吸系统、心血管系统等内脏器官并不能立即达到最大机能状态，而是有一个逐步增长的过程，导致摄氧量不能满足肌肉活动的需求。供氧不足会动用糖酵解系统供能，产生乳酸，乳酸积累促使血液 pH 下降，向酸性偏移，从而影响肌肉神经的兴奋性和肌肉收缩，还可反射性地引起呼吸、循环系统活动紊乱。这些机能失调的强烈刺激传入大脑皮质，会使运动动力定型暂时遭到破坏，从而产生极点现象。

二、极点状态时躯体及心理特点

极点现象出现的时间很短，一般在0.5~1 min之间。在极点状态下，队员动作速度减低、注意范围缩小，竞技状态会停止，心脏跳动极为强烈，呼吸机能抑制，大脑产生较强烈的抑制，机体各系统的机能调节遭到破坏。极点在影响机体功能的同时，也会引起矿山救护队员心理的变化。极点时心理特点有：

（1）认识过程的强度急剧下降，知觉丧失明晰性，出现错觉，甚至出现肌肉运动错觉，思维活动减弱，记忆力减退，特别是再现过程明显减退。

（2）注意活动发生障碍，注意范围狭窄，注意分配能力丧失，注意稳定性急剧下降。

（3）反应速度减慢，错误反应的数量或次数增加。

（4）有难过的情绪出现，气喘、呼吸不足，出现心脏活动紧张感觉；两腿不服从意志支配，不愿意继续运动下去，希望降低运动的速度，甚至想停运动和退出比赛。

三、极点的克服

当极点出现时，如果依靠意志力或调整运动节奏继续坚持运动，有氧代谢开始占据供能的主导地位，则身体的一些不良的生理反应便会逐渐减轻或消失，此时呼吸变得均匀自如，动作变得轻松有力，队员能以较好的机能状态继续运动下去，这种称为第二次呼吸。良好的身体状态、心理状态及充分的准备活动能推迟极点的出现和减弱极点反应。

1. 正确认知极点，调整好心理状态

（1）要认识到极点现象的出现是正常的生理现象，并不可怕。极点是可以克服的，极点时间很短，不到1 min，只要坚持一下，依靠意志力咬牙坚持下去，就能挺过去，一切就会恢复正常。此时身体的内脏器官惰性逐步得到克服，氧气供应增加，乳酸得到消除，机体的内环境得到改善，动力定型得到恢复，机体机能水平就会进入相对稳定的状态。

（2）保持镇静，身体放松，乐观、自信，积极向上，将思想与思维集中于当前的比赛或训练上。

2. 极点现象出现时现场应对方法

（1）应加大、加深呼吸，尤其是加深呼吸，要做到深长而有力的深呼吸，尽量多地排出废气，增大肺内的负压，促进吸气过程省力和增加吸氧量，减少血液中二氧化碳的浓度，从而有助于减轻极点反应和促使第二次呼吸的出现。

（2）极点出现时，不要停止运动，应适当调整运动节奏，放慢运动的速度。

（3）极点出现时，人的认识能力及反应速度发生变化，注意力下降，所以要利用惯性，尽量维持原来的运动姿态，包括手臂、腿部及躯干部动作与姿态，以减少错误动作发生的数量或次数。

3. 剧烈运动前要做好充分的准备活动

准备活动的主要任务是提高身体的各种器官、系统的活动性。准备活动以有氧活动开始，逐步提高工作强度，通常采用伸腰、踢腿、活动四肢等，也可在慢跑的基础上对肩关节、肘关节、背腰肌肉、腿膝踝关节等部位进行活动。

充分的准备活动作用很大，主要作用如下：

（1）调整中枢神经系统的兴奋水平，使中枢神经系统与内分泌系统协同调控全身各脏器机能活动，以适应机体承受大负荷强度刺激的需要。

（2）增强氧运输系统的机能，使肺通量、摄氧量和心排血量增加，心肌和骨骼肌中毛细血管扩张，有利于提高工作肌的代谢活动。

（3）升高体温。体温升高可以提高酶的活性，提高神经传导的速度和肌肉收缩的速度，促进氧合血红蛋白的解离，有利于氧供应。

（4）降低肌肉的黏滞性。肌肉黏滞性下降可降低肌肉收缩时的内阻。

（5）发生痕迹效应。准备活动包括一般性身体活动和专项练习，专项练习时肌肉活动能在中枢神经系统的相关部位留下兴奋性提高的痕迹，在此基础上进行正式比赛或训练，有助于发挥最佳机能水平，从而发挥良好的痕迹效应；同时在达到极点队员知觉不清晰、反应速度变慢、动作易出现错误时，能依靠痕迹效应，保持着原有运动姿势平稳渡过极点持续的时间段。

一般准备活动持续时间以 10~30 min 为宜，准备活动的痕迹效应不能保持很久，45 min 后消失，故准备活动不能与正式体能训练或比赛相隔时间太长。

4. 控制饮食

（1）剧烈运动前三天要多吃高糖食物，当天吃饭八成饱，食用易消化、不产气的食物，并少用或不用辛辣食物以预防食物对胃肠的刺激。

（2）剧烈活动前 30～40 min 可以饮用 200 mL 浓度 40% 葡萄糖水，增加体内糖储量。

5. 控制运动节奏

在剧烈的体能训练的初始阶段不可一开始就全力猛冲，要给内脏器官一个开动的过程，以使内脏器官与运动器官同步兴奋，否则很容易出现极点现象，并且要注意全程运动中体力的分配。

6. 控制和调整呼吸能力训练

在进行剧烈的体能训练时，需及时补充大量氧气，机体通过提高呼吸频率和加深呼吸深度来吸取长时间高强度工作必需的氧气。矿山救护队员要有意识地控制与调节呼吸，要时刻注意呼吸的节奏，不以加大呼吸频率来吸取更多氧气，而应尽量做到有节奏地深呼吸，并与运动技术动作进行良好配合。呼吸与动作配合的原则是，呼气时身体处于一个放松的状态，适合于松弛及放松身体各部分时使用；吸气时身体处于一个强化的状态，适合于加强、凝聚及提升身体能力时使用。切不可憋气，否则会伤害身体。

7. 加强无氧耐力素质训练

平时可采用最大乳酸训练、乳酸耐受训练和缺氧训练等方法提升无氧耐力素质，提高无氧代谢的能力，提升机体耐酸能力。通过训练，可使极点现象减弱。不经常锻炼的人，极点现象出现早，持续时间长，反应强烈。

（1）最大乳酸训练。最大乳酸训练是指机体在运动中血乳酸水平达到最高时的训练。训练模式：1 min 全力跑，间歇 4 min，共跑 5 次，运动负荷强度不变。通过这种间歇训练模式，乳酸浓度的累积建立在前次水平之上，不断升高达到最高浓度，如此可以有效提高机体的最大乳酸耐受能力。这种训练的方法可以使极点对人的影响降到最低，甚至可以在用时较短的项目（如 1500 m 以下的跑步项目）消除极点效应。

（2）乳酸耐受训练。乳酸耐受训练是指机体处于较高乳酸水平时仍能坚持较高强度运动能力的训练。训练模式：1～1.5 min 的全力跑，间歇 4～5 min，再次全力跑，一直使血乳酸维持在一个较高的水平，从而可以有效提高机体的乳酸耐受能力，特别是腿部耐受乳酸的能力。

（3）缺氧训练。缺氧训练是指机体在低于正常氧分压环境下进行的训练。缺氧环境会对机体造成强烈刺激，并导致相关系统和器官的功能状态出现显著的应答性反应和适应性变化。通过缺氧状态下的运动训练，可有效刺激心血管和呼吸功能的改善，进而提升有氧运动能力，并可使体内细胞无氧供能状态得到改善。缺氧训练不仅可以在高原缺氧环境中进行，也可加载呼吸阻力（如戴口罩）进行训练。

矿山救护队员要定期测验自己的无氧耐力水平，摸索自己的极点现象出现的距离、时间长短规律，再采取有效训练手段加以克服。

8. 重视默念的力量

默念是一种有效的自我暗示方法，它通过语词调节中枢神经系统兴奋水平，从而调节人体内部过程，如调节人的心境、情绪、意志和信心，改变内脏活动或运动器官，提高和降低体温，加速和减缓新陈代谢过程等。例如，自我暗示说“我在吃一块很酸的酸梅”并想象自己正在嚼一块酸梅，口腔唾液分泌往往就会不由自主地增加。在极点出现时，默念能使队员的运动器官、呼吸系统根据语言的暗示产生相应的变化，能使队员保持一定的心理稳定状态，临场充分发挥自己的水平。

在剧烈运动过程中，不要去想或担心极点的到来，想或担心极点的到来，潜意识之中就有等待它到来的成分。应该放空思想，或者想象，它比以前晚来一些，原来是300 m，可以想象是400 m或500 m后，或者强力自我暗示，可以在脑中默念积极、正面的语词，如“已经过去”“挺住”“我充满了力量”。不要默念带否定词的语词，如“不要放弃”“别泄气”。因为大脑潜意识会自动滤掉否定词，只接受其后的“放弃”“泄气”等肯定的、消极的语词，结果适得其反。默念积极、正面的语词，会推迟极点出现的时间，大大地减弱极点反应。

9. 加强意志力训练，培养良好的意志品质

自觉地确定目标并为实现目标而自觉支配和调节行为的心理过程，即为意志。在日常训练中，救护队员应确立积极向上的目标，树立战胜困难的信心，严格要求自己，不断培养良好的意志品质，方能在剧烈活动或体能比赛中平稳渡过极点，发挥出自己的正常水平，取得优异成绩。

极点反应是人在剧烈运动中正常的生理反应，是不可消除和避免的。通过加强耐力训练，做足准备工作，通过默念暗示，依靠意志，调整运动节奏及呼吸，就可以推迟其出现的时间，减轻其反应，达到第二次呼吸，顺利完成体能训练或比赛，发挥出自己的真实水平。

第六节　人　际　关　系

生活在一定社会文化环境中的个体，总是要和周围的人发生各种各样的交流和联系，形成各种形式的人际关系。人际关系是生活的基础，它对人的身心健康、事业成功与生活幸福有重要的影响。构建和谐的人际关系，有利于提升工作效率、减少“内耗”，增强凝聚力，提高士气和战斗力。

一、人际关系的内涵

人际关系是人们在共同活动中彼此满足各种需要而建立起来的相互间的心理关系。寻求满足各种需要是人际关系产生的社会心理学基础。人际关系具有个体性、直接性及情感性等特征。

（一）人际关系产生的社会心理学基础

人是社会性的动物，具有合群和群居的倾向。人际关系产生的社会心理学基础有亲和的需要及摆脱寂寞。

1. 亲和需要

人们都有需要和他人相伴的倾向，都有追求与特定个体建立温暖与亲密关系的愿望。恐惧感越强，亲和需要也越强。矿山救护队指战员在事故处理时，经常面对危险，难免产生恐惧情绪，所以更需要构建良好的人际关系。

亲和需要可以提供6种重要的酬赏：

（1）依恋。依恋是指亲密的人际关系所提供给个体的安全与舒适感。

（2）社会融合。通过与他人交往，并与他人拥有相同或相似的观点和态度，产生团体归属感。

（3）价值体验。得到别人支持、肯定时自己所产生的有能力有价值的感觉。

（4）同盟关系。通过与他人建立良好的人际关系，当意识到自己需要帮助时，他人会伸出援助之手。

（5）得到指导。与他人交往可以从他人那儿获得有价值的指导。

（6）照顾他人。照顾他人会让个体感觉到被他人所需要，能体现出自身的重要性，由此而确立自我价值。

2. 摆脱寂寞

寂寞是指当个体的社会关系欠缺某种重要特征时所体验到的主观不适，包括因缺少亲密的依恋对象所引起的情绪性寂寞和因缺乏社会融合感或缺乏由朋友或同事等所提供的团体归属感所产生的社会性寂寞。

（二）人际关系的特征

1. 个体性

在人际关系中，角色退居到次要地位，而对方是不是自己所喜欢或愿意亲近的人成为主要问题。

2. 直接性

人际关系是人们在面对面的交往过程中形成的，没有直接的接触和交往不会产生人际关系，人际关系一经建立，一定会被人们直接体验到。

3. 情感性

人际关系的基础是人们彼此间的情感活动。情感因素是人际关系的主要成分。人际的情感倾向有彼此接近或吸引的连属情感和互相排斥或反对的分离情感两类。

二、影响人际关系的因素

影响人际关系密切程度的因素有熟悉性、接近性、相似性、互补性及个人特质等。

1. 熟悉性

人际关系由浅入深的发展，是从相互接触和初步交往开始的，通过不断接触与互动，彼此相互了解之后，容易引发喜欢。事实上，仅仅只是经常看到某人，就可能增强对他的喜欢，即曝光效应。如果一开始对他人态度是喜欢或中性时，接触可加深人际关系密切程度。但如果一开始对对方的印象是消极的，那么曝光效应就不能发挥作用了。如果两个人在兴趣、需要或人格等方面有强烈的冲突时，彼此避而不见、减少接触也能把这种冲突最小化，相反，如果增加彼此之间的接触，冲突就有可能会恶化。

2. 接近性

人与人之间在地理位置上越接近，越容易发生人际交互关系，就可能越容易形成密切关系。

3. 相似性

人与人之间有着共同理想、信念、价值观和人生观，对某些问题的看法、观点相同或相似，则比较容易形成密切关系，即“物以类聚，人以群分”。

4. 互补性

交往较深的两人，具有不同特点的双方，易获得相互满足，易发展成为密切关系。

5. 个人特质

比较而言，人们都喜欢真诚、热情、对他人有正性态度、表现出温暖的人，喜欢有能力又不会构成比较压力的人，喜欢外表好的人。

三、亲密关系的基本原则

亲密的人际关系就是人与人之间的相互接纳和喜欢，其构建的原则主要有互惠原则、得失原则及联结原则。

1. 互惠原则

当一个人对另一个人表示友好、热情时，如果对方也给予相应的回馈，那么他们之间就有可能形成良好的人际关系，相反，如果一方以冷漠、回避的方式对待另一方，这种消极回馈就会影响两人之间的继续交往，从而导致关系的破裂，即“来而不往非礼也”。

2. 得失原则

交往中别人对自己的评价有所改变时，更容易影响自己对那个人的喜欢与否。人们喜欢那些对自己的喜欢水平不断增加的人，而厌恶那些喜欢自己的水平不断减少的人。

3. 联结原则

人们喜欢那些与美好经验联结在一起的人，而厌恶那些与不愉快经验联结在一起的人。

四、人际关系的构建技巧

矿山救护队实行军事化管理，一切行动听指挥，下级必须服从上级；指战员相处时间长、接触频繁；大部分指战员共同经历过生死，一同面临过险情。所以，在构建人际关系时，有其有利的一面，也有其特殊性，要考虑周全，采取合适、恰当的技巧。

（一）个人层面

1. 摆正各种关系的位置

在处理个人、救护队及国家关系时，应树立主人翁观念和集体主义思想，坚持个人利益服从救护队、国家利益的原则和三者之间利益兼顾的原则；在处理指战员个人与个人之间的关系时，应坚持平等互助、互谅互让的原则；在划清社会主义的人际关系与庸俗关系学的界限时，应该秉承公心，不谋私利，公正严明，坚持原则，明辨是非，不要去拉关系、认关系或钻关系。

2. 加强自我修养

养成心胸开阔、性情开朗、自我克制、严于律己、宽以待人、遇事冷静等品质与行为，不断提升自我修养，在人际交往中正确认识自我、评价自我、控制自我，能勇于承认和改正自己的错误。

3. 换位思考

通过角色扮演的方法，设身处地地站在别人的立场上想一想，有助于理解他人、互相尊重和树立服务奉献意识。这样就能正确地评价他人，原谅他人的过错。

（二）救护队组织层面

1. 建立一个强有力的救护队领导班子

矿山救护队团结的、有能力的领导班子，不仅是救护队人际关系的凝聚中心，也是全体指战员效仿搞好人际关系的榜样。

2. 组织机构合理

矿山救护队实行大队—中队—小队三级管理。职能部门设置合理，各指战员分工明确，工作协调有序，有助于建立和谐的人际关系，否则，机构重叠臃肿，人浮于事，互相推诿扯皮，人际关系就会越来越紧张。

3. 指战员参与救护队管理

指战员参与管理，可以增强其主体意识、认同感、责任感、成就感，减少其消极被动心理状态和抱怨不满的情绪，这样有利于改善领导者与被领导者、管理者与被管理者之间的关系，也有助于协调指战员之间的关系。

4. 加强沟通与交流

健全矿山救护队沟通渠道和制度，保证指战员之间有效沟通。通过沟通，增加指战员之间的了解，减少隔阂误会，增加团结，加深感情。沟通也能增加领导与管理工作的透明度，改善救护队内部上、下级关系。

（三）处理好与上级、同事及下属关系

1. 处理上级关系

（1）尊重第一。尊重上级，上级之所以是上级，一是经过组织培养、考察而后的安排；二是肯定有过硬的专业技能或其他一技之长。不要不甘心或不服气，更不要拿自己长处与其短处相比，总感觉自己强，其水平一般，私底下发牢骚，背后议论，贬损上级形象，要放平心态，服从管理，尊重上级的权威，密切配合，将注意力放在工作上，这样才能得到上级的认可。

（2）知足常乐。矿山救护队晋升的位置不多，竞争也激烈，所以要知足常乐，也可以通过其他方式进步、成长。有知足常乐的心态，没有过多的奢求与欲望，自然就与上级好相处了。

（3）不要拿捏领导。一定不能错将平台当能力。自己的成绩，得益于矿山救护队这一平台，离开了平台，自己可能啥也不是。要对自己有清醒的认识，不要拿自己的能力、成绩当资本，拿捏领导。只有感恩平台，继续努力，个人才会有发展的空间。

（4）主动学习，提升自己的技能。矿山救护业务范围广，在事故处理时需要用到许多方面的专业知识与技能，日常学习训练科目更需要深入研究，所以，矿山救护指战员需要不断学习，提升自己，丰富自己，用自己的才干努力促进矿山救护队整体素质的提升，自然会得到上级的青睐与重视。

（5）积极表现，勇于承担。实事求是向上级介绍自己的技能和经验，以便上级放心地交办工作；在事故处理与日常工作中，遇到问题，要敢于向上级提出好的建议与意见，要主动请战，并勇于担当，不推脱责任。

2. 处理同事关系

（1）真诚。真心诚意与人相待，给同事释放更多的善意，做一个温暖的人，与人友好相处，用你心换他心。

（2）团结合作。指战员之间精诚团结、合作，积极主动配合，齐心协力完成本小队、中队或大队的各项工作，达到整体的最佳效应。同事工作或生活上出了问题，自己要及时补救，要热情地帮他解决问题。切忌落井下石，嫉贤妒能，排挤别人，有话当面说，不要背后说人；不要专挑别人的短处和工作中的不足，四处散布。

（3）多请教。虚心向同事学习，学习他人的长处，补己之短；共同学习，相互探讨，认真研究，共同成长。

（4）积极化解矛盾。在工作过程中发生分歧，甚至争吵，要学会控制自己的情绪，不要言辞过激，不要伤害对方，不要感情用事，要理智、协商、沟通、交流。如有过激的行为或言辞，事后要主动向同事说明，以得到同事的理解，化解矛盾。

3. 处理下属关系

（1）尊重下属。要重视与尊重下属，让对方感觉到他自己很重要，感觉到自己的付出得到认可。在听取下属汇报或请求时，要耐心，态度诚恳；有下属报告或敬礼时，要正式回还或积极回应，切不可敷衍应付。

（2）慎用命令。矿山救护队虽然实行军事化管理，但是在下达命令前，必须考虑所下指令的正确性，不能扩大范围，不能以命令代替人际沟通与交流，谨防动不动就颐指气使、盛气凌人，引发下属反感。

（3）理解。矿山救护队员需要备勤，备勤期间一天 24 h 守在队里不能离开，顾不上家庭，还得无休止地学习、训练，在事故处理时还有生命危险，所以要多理解队员的不易与付出，力所能及地关心、爱护他们，处理好他们的后顾之忧，以使全力工作，开心工作。

（4）差异化管理。由于遗传、社会文化、家庭环境、早期经历、学校教育等因素不同，导致每个人具有不同的人格特质。针对不同人格特质的下属，需要采取不同的方式管理和相处，要以人为本，尊重每个人的个性，从大局出发，不要考虑个人得失和领导的面子，适当做换位思考，以充分调动广大指战员的积极性。

①对争强好胜、狂傲自负的下属。这类指战员喜欢争强好胜，总觉得自己比谁都强，狂傲自负，自我表现欲望极高，还经常会轻视甚至嘲讽上级。针对此类下属，不能动怒，更不能故意压制，越压制他越会觉得你能力不如他，是在以权欺人，要分析原因，如果是自己的不足，可以坦率地承认、纠正，不给他留下嘲讽的理由和轻视的借口；如果是他觉得怀才不遇的话，可为他创造条件，给他一个发挥才能的机会，重任在肩，他就不会再傲慢了，也让他体会一件事情做成功的艰辛。

②对以自我为中心的下属。有的指战员总是以自我为中心，不顾全大局，遇

到评先、晋升时都先为自己考虑，遇到工作、责任时就想办法推脱。对这类下属，做事要规范，要公平公开，解释清楚政策、规定，满足其需求中的合理成分，拒绝不合理要求时要晓之以理，不要贪小利而失大义。

③对自尊心强的下属。有的指战员自尊心强、敏感、多虑，特别在乎领导的评价。对这类下属，讲话要谨慎一点，不要当众指责、批评他，要多帮助他，给他一些自主权，经常给予鼓励，让他觉得自己能行。

④对喜欢非议领导的下属。矿山救护队有这类指战员，作为下属，喜欢挑领导的毛病，议论领导的是非。和这样的下属相处，首先要检查自己本身是不是有毛病，可以多征求他的意见，让他觉得你是真诚待他，以此感化他；对于不易感化的下属，如造成的影响坏，可按规定处理，使之收敛。

⑤对没有主见的下属。最常见的下属，无论大事小事都喜欢向领导请示、汇报，说话抓不住主题。跟这样的下属交往，交代工作任务时要说得一清二楚，然后由他自己独立处理，并给予相应的权力，且承担不利后果的责任，给他施加一定的压力。

第七节　人　际　沟　通

矿山救护队备勤期间，指战员一天 24 h 在一块生活、工作或休息，沟通自然不可避免；在事故处理及日常学习、训练中，指战员相互配合，密切合作，沟通更为重要了。学习人际沟通技巧，可以提高自己的认知水平、促进指战员之间情感交流、解决冲突与矛盾问题。

一、人际沟通的概念及功能

1. 概念

人际沟通是社会中人与人之间的联系过程，即人与人之间传递信息、沟通思想和交流情感的过程。人际沟通归结为信息的交流，其基本过程为信息发出者—信息源，将沟通的内容进行编码后纳入信息渠道，接受者在接到信息后，将信息译码并接受后，再把收到信息的情况反馈给信息的发出者。信息接受者接受信息以后，必须经过译码才能理解信息的内容。所谓译码，是人们依据过去的经验对信息的解释，基于双方的共同经验，将编码还原，并制成新的编码，发送出去，从而构成双向沟通。如果信息接受者没有新的编码，仅有信息发出者发送信息则是单向沟通。

2. 功能

人际沟通是个体与他人建立关系、维持关系的基本手段，归结为信息的交流。它存在于人们生活的每一个阶段和方面。人际沟通有利于提供信息，增进了解，起到提高情绪、增强团结、调整行为的作用；能满足个人心理需要，促进心理健康成长；团队或组织内，良好有效的人际沟通可建立和维持良好的人际关系，有效提升工作效率、减少“内耗”，增强凝聚力、士气和战斗力。

二、矿山救护队人际沟通影响因素分析

分析、了解矿山救护队人际沟通各个环节中存在的影响因素，包括信息源、信息、信息渠道及接收者环节，有利于提高沟通技巧，改进沟通品质。

（1）信息源。发出沟通信息时指战员所使用的内容编码传播技术，包括语言文字表达能力、逻辑能力及手势、表情等；发出沟通信息时指战员的态度，包括尊重对方、竭力使对方对沟通感兴趣等。

（2）信息。指战员使用信息的技巧，作为沟通工具的语言和其他符号排列与组合次序，会产生首因效应和近因效应，即先呈现的信息和最近呈现的信息容易被记住。

（3）信息渠道。即沟通信息传达的方式，同一信息经过不同的信息渠道传递，其效果大不一样。因此要注意选择适当的信息渠道，使之与传播的信息相配合，并符合接收者的需要。

（4）接收者、发送者当时的心理状态。人的情绪状态会过滤接收和输出的信息。接收或输出的同一信息会根据情绪是否高涨、平静或超然作不同的处理。因此，指战员的情绪状态能左右接收和传送信息的方式，还直接影响到信息的接受和理解的方式。

三、矿山救护队人际沟通特点

矿山救护队是处理矿山灾害事故专业队伍，实行严格的军事化管理，所以在人际沟通方面有其特殊性。

（1）下行沟通中采用命令形式较多，要求指战员一切行动听指挥，下级服

从上级。作为下级的指战员感觉自主性不强，上行沟通困难。

（2）矿山救护队员年纪相仿，且有共同的阅历，便于沟通。但是在值班期间，一天24 h同吃同住同训练，接触时间长，沟通频繁，由此产生的小团伙多，生产的小道消息多，矛盾与冲突也多。

（3）指战员长年累月进行学习、训练，救援业务理论知识与实操技能丰富。在训练中出过大力，受过大累者，事故处理中见过生死，承受过高温、有毒有害气体，甚至死亡的威胁的指战员，一般比较豁达，说话直接，易于沟通，思路相对开阔，思维相对缜密，具备一定的人际沟通能力。

四、矿山救护队人际沟通技巧

1. 善用多种沟通工具

作为信息传递的过程，人际沟通必须借助于一定的符号系统才能实现。符号系统分为语言符号系统和非语言符号系统两类。

（1）语言符号系统。语言是人类最重要的沟通工具，也是信息传递的最有力的手段。在面对面的沟通中，口头语言是最常用的，而且收效最快。指战员在进行口头沟通时，语言要清晰、简洁，把握住要点，多用表情、语调等增加沟通的效果；在采用书面语言沟通时，文字要简练，逻辑性要强，有条理性，多使用主动语态和陈述句，使用规范与熟悉的文字，使用比喻、实例、图表等必须清晰易懂，便于理解。

（2）非语言符号系统。非语言符号系统主要包括副语言和视觉符号两大类。副语言也称为辅助语言，指人们说话的音调、响度、语速和言语中的停顿、升调、降调等；视觉符号主要包括面部表情、手势和身体姿势、目光接触、人际距离、衣着等，身体接触也是人们常用的一种非语言符号。在交谈时，迎合对方目光，向对方表达自己的专注和兴趣，注意人际空间距离，避免引起对方不舒服的感觉。在沟通时，指战员要适时应用副语言，以强化信息的语意分量，面部表情尽量生动，适度丰富，杜绝刻板，要随着沟通的程度、内容适时变化，表达语言本身不能表达的意思。

2. 主动克服沟通障碍

矿山救护队指战员由于所处地位不同，队长与队员，通常具有不同的价值观和道德标准，对同一事件或制度，会有不同的认识与看法；矿山救护队内部分级管理，沟通的中间环节多，指战员气质、性格、能力及兴趣不同，都会造成矿山救护队人际沟通障碍。

(1) 健全救护队内部正式沟通渠道和制度。①建立矿山救护队领导接待日制度，听取指战员的呼声，这样被接待的指战员能产生一种被尊重的感觉，从而提高其沟通积极性；②设立大队、中队、小队每天早会制度，及时传达上级的意图，避免信息的误解或延误；③建立QQ和微信工作群，把一些敏感或棘手的问题加以公布，增加公开性与民主度，定期召开座谈会，鼓励大家参与，献计献策，并对提出好建议的员工给予一定的物质和精神的奖励；④公布领导邮箱或设置意见收集专用邮箱，对写给大队、中队的一些书面建议或批评要及时答复；⑤救护队领导要经常深入队员训练现场或去宿舍，与队员面对面聊天、交流，了解其真实想法、情感与情绪。

(2) 协调指战员个体差异，促进有效沟通。①换位思考。信息发送者要考虑接收者的年龄、文化程度等背景因素，适当的调整自己的沟通方式，选择易于让接收者理解的语言，使接收者能够准确、有效地理解自己所传递的信息。同样，信息的接收者在理解自己所获得的信息时，也要考虑发送者的各种背景因素，进行换位思考。只有这样才能降低队员个体差异对沟通的负面影响。②及时反馈。由于指战员之间的思维方式、经验等的差异，很容易造成彼此间的误解或者理解得不准确，所以沟通中的反馈就显得尤为重要。

(3) 准确、适时应用命令形式。矿山救护队实行军事化管理，适时应用命令，保证执行力，才能保证在事故处理中行动一致，动作果敢，排除万难，取得抢险救灾的胜利；才能保证在学习训练中雷厉风行，强力提升矿山救护队指战员的综合素质。在救护队日常管理中，命令在灌输、宣传救护队工作思路、政策，促进指战员不断完善自己、使其成长等方面，也是强有力的保障形式。但是下达命令时，要注意：①不能放大命令适用的范围，矿山救护指挥员在下达命令前，要充分考虑所下命令有无必要，是否适用命令；一般命令只适用于事故救灾时具体行动方案上，具体工作安排上，即便如此，在下命令前也要通过各种形式与队员、与上级进行商量，共同分析，防止发出错误的命令内容；②下达命令不要超越自己的权限，除非经过授权，否则，一个中队的中队长不能对另一个中队队员下达命令，防止出现交叉指挥，令队员无所适从；③下命令时要抓住要点，命令词要清楚、完整、简明；④要落实命令执行情况。

（4）沟通双方要克服自身存在的沟通障碍，不断提升自己的沟通能力。①要有勇气开口，只有鼓足勇气把自己心里所想的表达出来时，才有可能与他人沟通。矿山救护队沟通不良的一个主要原因，就是指战员都只在自己的心里想，却没有勇气把自己的想法表达出来，从而导致了很多不必要的误解。②提高自己的语言表达能力。沟通中要准确地表达自己所要传递的信息，吐字要清晰，条理要清楚。对于重要的内容，最后可稍做重复、强调。③选择恰当的时机。重要的信息要选择在比较正规的场所（如办公室）进行沟通，有助于双方集中注意力，提高沟通效果；而对于思想上或感情方面的沟通，则可以在比较随便的场所进行，这样有助于双方消除沟通压力。④态度要诚恳。尊重对方，以诚待人，站在对方的角度去思考问题，体谅他人的感受，可促使沟通顺畅进行。⑤要积极面对别人的批评。在面对别人的批评时，首先要做到的是稳定自身的情绪，避免因情绪失控而带来的不必要的争执和冲突，然后要冷静地从多个角度考虑对方的建议，反省自己的不足之处。即使不认同别人给予的建议，也应该换个角度，去理解和原谅别人。⑥沟通中注意互动，就是有要说的行为、听的行为还要有问的行为。

3. 学会共情

共情指一个人所具有的能体验他人的精神世界，就好像是自身的精神世界一样的一种能力。在进行沟通时，特别是矿山救护队指挥员与下属沟通时，要设身处地、将心比心，力图走进下属的内心世界里面，去感受下属的内心体验，先不作任何判断和评价。

（1）注意倾听，使用目光接触，使用赞许性的点头和恰当的面部表情，不要随意插话打断对方，从下属说话语气、面部表情及不经意的小动作中捕捉其真实语意。

（2）简洁复述下属说话内容的真实意思，征求下属自己是否理解了其中的含义。

（3）试着将下属所讲的内容，如事件或经历，想象着像电视录像一样，用准确的图像在自己的脑海中显示出来，从中感受下属的感受、情绪。

（4）向下属准确复述其感觉或情绪状态。

（5）在完全明白、理解下属的诉求、思想与感觉、情绪后，对其进行积极引导。

4. 控制、利用好小道消息

小道消息是指非经正式途径传播的消息，包括各种各样的观点、猜测、疑问、刁难、敌意、奉承、冲突、威胁等，往往传闻失实，并不可靠。正式渠道的信息发布需要一定的批准程序和过程，好奇心的驱使、利益的驱动、发泄私怒、个人虚荣心的满足，都会使人们在第一时间利用最快速度将未经考证的小道消息向外传播，特别是电子邮件、QQ、手机短信、彩信、抖音等新媒体的出现，增强了传播速度和传播效果。参与传播小道消息的人群具有相似的价值判断，因此确信小道消息比正式渠道的信息更可信，正式渠道的信息常常被质疑，严重影响正式渠道的权威性。

(1) 矿山救护队指挥员应该注意小道消息的收集和甄别，要辩证地对待小道消息，从中吸取积极、有益成分，获得指战员的真实思想、意见和心态，以便及时查找、发现工作中的失误、漏洞并修正、弥补，同时，也可以促进科学合理决策。

(2) 适度应用小道消息的形式，对正式渠道传播的信息细节、局部进行解释、说明但不能扩大小道消息的作用。

(3) 对造成人心浮动、士气涣散的小道消息，应及时做出反应，控制其有害影响。①要及时排除起因，以防扩散；②用事实驳斥小道消息；③重视小道消息核心人物的作用，加强沟通，使其掌握充分信息，可有效控制小道消息的传播。

(4) 增强指战员的免疫力。对于小道消息要保持理性认识，不要轻易相信并传播，必要时可向救护队相关部门求证，以获得有效的帮助。

第八节　凝　聚　力

团体凝聚力是衡量一个团体是否有战斗力，是否能获得成功的重要标志。矿山救护队作为处理矿山灾害事故的专业队伍，需要具有凝聚力，做到团结合作、同舟共济、同心协力。

一、凝聚力的概念与作用

1. 凝聚力的概念

凝聚力，也称内聚力，原指自然界物质内部分子间的相互吸引力，将之延伸到心理学上，凝聚力是团体在其规范的基础上使全体成员情感共鸣、价值定向相同或行为保持一致的内在聚合力量。它既包含团体对成员的吸引力，也包括成员之间的吸引力。

2. 凝聚力的作用

（1）凝聚力对团体稳定性的影响。凝聚力越大，对其成员的吸引力越大，其成员也越不愿意离开团体，因而团体也越稳定。

（2）凝聚力对团体成员的影响。团体的凝聚力越高，成员对其依附性和依赖心理越强，越容易对自己所属团体产生强烈的认同感，成员的从众行为越可能发生。

（3）凝聚力影响团体成员的自尊。与凝聚力低的团体相比，凝聚力高的团体成员有更高的自尊心，同时表现出来更低的焦虑。凝聚力高的团体成员相互信任，而这种信任能使成员感到安全，并进一步导致自尊心提高。

（4）凝聚力影响团体的工作绩效。凝聚力高的团体，在团体倡导高的工作绩效时，团体的工作绩效就能提高。

二、凝聚力的影响因素

凝聚力的影响因素包括内在因素与外在因素，内在因素来自成员、团体领导者及团队本身，外在因素来自环境的压力及宏观社会风气的影响。

1. 团体目标

目标一致是形成凝聚力的前提条件，如果团体目标与个体目标一致，那么个体就会被团体所吸引，团体的凝聚力就高；与此相反，如果个人的目标和团体的目标差距很大，这样的个人越多，团体的凝聚力就越低。

2. 成员需要的满足

美国心理学家马斯洛（A. Maslow）的需要层次理论将人的需要从低级到高级分 5 个层次，分别为生理需要、安全需要、社交的需要、尊重的需要、自我实现的需要。在一般情况下，只有低层次的需要得到满足后，才会产生高层次的需要。团体对成员各种合理需要的满足度越高，它对成员的吸引力就越大，团体的凝聚力就越大，成员对团体的认同度也就越高。

3. 团体的同质性与互补性

同质性是指成员在兴趣、爱好、动机、价值观等方面的相似或类同。在一般情况下，成员在某个或某些方面的同质会使成员彼此接近，增加人际吸引，相互产生好感，因而能增强凝聚力。互补性是指具有异质性的成员在某些方面的互相补充、渗透、交融。如果具有异质性的团体成员感到彼此在某个或若干方面能够取长补短、互相补充时，也会增进彼此间的感情和亲密关系，增强凝聚力。

4. 领导因素对团体凝聚力的影响

领导者是团体的核心。领导班子团结一致、齐心协力、坚强有力，会直接影响团体的凝聚力。如果领导班子团结、协调一致，且主要的领导者有较高的权力性和非权力性影响力，那么团体成员就会紧密地团结在他们的周围，使团体产生较强的凝聚力。不同的领导方式对团体凝聚力影响不同，美国心理学家勒温（K. Lewin）等人比较了在民主、专制和放任 3 种领导方式下各实验小组的凝聚力和团队气氛。结果发现，民主型领导方式组比其他组成员之间更友爱，成员相互之间情感更积极，思想更活跃，凝聚力更强。

5. 来自团体外部的压力及宏观社会风气

一个团队总是与外界环境不断地发生交互作用，宏观社会风气的好坏必然会对团队凝聚力起到正面的促进作用或带来负面影响。同时，当一个团体受到外来的竞争、威胁时，多数成员都会有一种紧迫感，都会自觉或不自觉地团结起来，共同抵御外来的压力，自然而然地形成了一种凝聚力。

三、凝聚力的培育

1. 确定明确一致的目标

矿山救护队整体的、最终的目标是通过日常的学习、训练，不断提升抢险救灾能力，随时准备安全、有效处理矿山的各类灾害事故，抢救遇险遇难人员，减少国家财产损失。每名矿山救护队指战员均需围绕这一目标去努力，开展各项工作。

（1）明确的目标。矿山救护队整体的、最终的目标笼统抽象，属于评价指标不明确、要求比较含糊的模糊目标。矿山救护队要依据自己队伍实际情况，制定明确的目标，就是有具体要求或成绩标准的目标，如学习、引进、拓展水上救援、山地救援等项目，大队、中队年底要达到的质量标准化标准，小队、中队在月度考核中在大队的排名成绩，或具体项目达标率，在国家、省及市级技术比赛中名次，在事故处理中清理煤量、冒顶巷道的维修量、排放瓦斯巷道长度等。一般地，明确的目标比模糊目标具有更大的激励作用，更具有吸引力。

（2）一致的目标。矿山救护队在制定目标时，要有矿山救护队战斗员、后备保障人员参与，一是加强其责任心，二是加深其对目标的理解，然后接受、内化。在目标制定后，要广泛发动教育、宣传、解释工作，让矿山救护队每名指战员明白矿山救护队的目标，将矿山救护队的发展与指战员个人的成长紧紧结合起来，共同承担矿山救护队发展的责任。

2. 强化教育，促进观念转变，保持价值观一致

价值观是主体按照客观事物对其自身及社会的意义或重要性进行评价和选择的原则、信念和标准，是一个人思想意识的核心，对个人的思想和行为具有导向或调节作用。由于受家庭、交友、学校、所在社会团体及社会政治、经济与文化的影响，每个人的价值观均有所不同。每个人都是在各自的价值观的引导下，形成不同的价值取向，追求着各自认为最有价值的东西。“富强、民主、文明、和谐、自由、平等、公正、法治、爱国、敬业、诚信、友善”是十八大提出的社会主义核心价值观的基本内容，现在已经成为每一个中国公民用以约束自己行为、指导自己为人处世的行为准则。其中，爱国、敬业、诚信、友善，是公民个人层面的价值目标、价值取向和价值准则。

作为矿山救护指战员，要自觉、主动忠于矿山救援事业，热爱矿山救护工作，团结同志，积极学习、训练，不断提升抢险救灾水平，在事故处理过程中，要密切配合，积极主动，勇往直前，抢救遇险矿工，消灭事故，保护国家财产，把自身价值与矿山救护队的发展、矿山救护队整体工作绩效结合起来。

在矿山救护队组织层面上，要经常开展理想信念、爱国主义、集体主义教育。通过教育，使指战员明白当前矿山救护队现状，清晰认识到目前工作中存在问题与不足，明确努力方向，进一步增强使命感、责任感；通过教育，让指战员熟悉和遵守矿山救护队管理制度和规范，引导指战员增强遵纪守法的观念，从而增强维护集体利益的主动意识；通过教育，让指战员进一步认识到个人利益与矿山救护队集体利益的密切联系，在处理个人同集体、个人同他人的关系时，坚持集体主义原则，强调集体利益高于个人利益，大力倡导爱岗敬业、诚实守信的职业道德。

3. 注重以人为本

以人为本，是把人的生存作为根本，或者把人当作社会活动的成功资本，

“天地万物，唯人为贵”，就是说，人最重要、最根本，不能本末倒置，不能舍本求末。在矿山救护队工作中，以人为本就是重视指战员的个人需要，培养其进步。以人为本，才能聚拢人心。

（1）满足生存和发展需要。充分考虑指战员的生活需求，在薪酬、队内就餐条件、营区建设等方面给予保障；实施小队互助金、中队互助金制度，解决指战员临时性经济困难；为指战员提供与其能力素质相适应的工作岗位及继续学习的机会；有计划地实施墩苗、育苗计划，加强中队与科室之间的人员交流；全方位多角度开展培训活动，包括为人做事方面、理论与实践方面，实现知识共享和增值，达到全员提升的目的。

（2）丰富业余文化生活。要以丰富的业余文化生活充实矿山救护指战员的精神世界。首先，为指战员创造一种良好的学习氛围，如建立图书馆、阅览室，进行知识竞赛、演讲活动等，把指战员引到读书学习、增长知识、开阔视野上来，以充实业余时间，丰富精神生活。其次，开展陶冶情操的文艺活动，如经常组织歌舞会，开展有益于身心健康、增进团队团结的体育活动或游戏，如组织拔河比赛、篮球比赛、乒乓球赛，从而培养集体荣誉感和创先争优的精神，增强指战员之间的了解与友谊。

（3）发挥员工的主动性和积极性。民主管理与矿山救护队严格的军事化管理并不矛盾，要充分调动指战员的主观能动性，让熟悉业务知识、掌握实际情况的指战员参与救护队决策，鼓励指战员开动脑筋、创新思路，为救护队排忧解难。特别是在事故处理中，更要动员指战员献计献策，制定安全、可行、有效的事故处理方案及行动准则。

（4）善于鼓舞。在救护队日常工作过程中，领导人员应该善于鼓舞职工，适当表扬指战员，让指战员觉得自己受到重视；表现优异的指战员，还可以通过公开表扬或者奖金等方式给予嘉奖，让指战员得到适当的肯定、产生积极情绪。积极的情绪能提高人的积极性和活动能力，并能够增强救护队的向心力。

4. 完善公平公正激励约束机制

公平就是不偏袒，一视同仁，杜绝区别对待；公正是维护正义，防止徇私舞弊；激励约束，即激励约束主体根据组织目标、人的行为规律，通过各种方式去激发人的动力，使人产生一股内在的动力和要求，迸发出积极性、主动性和创造性，同时规范人的行为，朝着激励约束主体所期望的目标前进的过程。激励约束机制是以员工目标责任制为前提、以绩效考核制度为手段、以激励约束制度为核心的一整套激励约束管理制度。实施公平公正的激励约束机制，能提升职工工作的积极性，有效规范职工的行为，增强凝聚力。

（1）目标责任制。目标责任制是激励约束机制建立和实施的前提和依据。矿山救护队要针对不同的岗位，制定科学、合理的责任制，如中小队长责任制、队员责任制、作战司机责任制。在制定目标责任制过程中，要充分考虑岗位的不同，考虑当前的实际能力、水平及其提升空间。

（2）绩效考核制度。绩效考核制度是连接目标责任制与激励约束机制的中间环节，是科学评价、认定目标责任完成情况的主要手段。矿山救护队在评价、认定中队、小队及个人目标责任完成情况时，要严格按照考核制度进行，时间安排上要合理，尽量保证各中队、小队及队员个人处于同等的考前状态；考核人员事先集中培训，统一认定标准；建立监督及申诉制度，及时纠正考核中出现的失误。

（3）激励约束制度。激励约束是目标责任制和绩效考核制度所要达到的目的。矿山救护队对中队、小队及队员个人考核后，要严格按激励约束制度兑现奖罚。在兑现奖罚时，要做到：①诚信。矿山救护队领导诚实、无欺、守信，不折不扣地兑现规定的激励与约束，指战员才能回应以忠诚，才能增强救护队凝聚力。②谨防相对剥夺。救护队领导如有老好人思想，应该罚的不罚，不应该奖的奖了，尽管没有影响其他指战员的奖励数量或晋升步伐，但也会引起其他指战员不好的感觉，从而削弱了凝聚力。

5. 建立有效沟通

沟通是指战员了解各种信息的前提和基础。沟通能够激励指战员，并提供一种释放情绪的表达方式，满足了其社交和归属感的需要。通过建立矿山救护队领导接待日、小队每周例会制度及定期召开座谈会，加强上下沟通，让每名指战员都掌握救护队的动态，了解救护队的工作重点，激发主人翁意识，从而提高工作满意度，增强了救护队凝聚力。

6. 提升矿山救护队领导非权力影响力

矿山救护队领导的引导在矿山救护队凝聚力的形成和发展过程中发挥着巨大的作用，而矿山救护队领导的引导作用在很大程度上依赖于领导个人的综合素质等非权力影响力，如领导个人的内在思想品质、素质、能力、领导方式、方法，以及领导者的产生过程等。领导的素质越高，能力越大、作风越民主，对指战员的吸引力就越大，救护队的凝聚力就越强。

（1）严于律己、宽以待人。凡是要求指战员做到的，领导者自己首先要做到；凡是要求指战员不能做的，领导者自己坚决不做；在规章制度面前人人平等，领导者要带头认真执行各项规章制度。领导者要以自己的人格魅力来赢得全体指战员的拥护和信任，要用自己的言行影响队员的所作所为，从而起到上行下效的效果。

（2）全心全意为指战员服务。矿山救护队领导要忠诚于党和指战员，真正把自己放在公仆的位置上，一心一意为全体指战员服务，自觉维护指战员合法权益。

（3）谦虚谨慎，从善如流。矿山救护队领导要经常深入实际，虚心听取指战员的意见和批评，了解指战员的心声，接受指战员的监督，及时改正自己工作中的缺点和不足。尊重指战员的领导，终究会受到指战员的尊重和爱戴，从而获取指战员的全力支持。

（4）相互容忍，善于团结。矿山救护队领导要能容忍别人的批评和短处，要以大局和事业为重，善于团结意见不同的人，甚至犯过错误的人，及时疏通思想，交流感情，这样就能把所有的力量凝结成一股巨大的合力，指向一个既定的奋斗目标。

第九节　士　　气

在军事心理学中，认为士气是构成军队战斗力的首要因素。矿山救护队是处理矿山灾害事故的专业队伍，可借鉴军事心理学有关士气研究成果，结合矿山救护队的工作性质与职业特点，致力提升矿山救护队士气。

一、士气的概念及作用

1. 士气的概念

士气是所属成员对群体或组织感到满意并乐意成为其中一员、努力实现群体目标的积极态度。士气代表了成员在群体内需求满足的状态及为群体目标而奋斗的自愿程度。士气在行为和心理活动中具备积极主动性（即心理活动的整体长远性）和意志性（即行为的坚强果断性）两个特征。对矿山救护队而言，矿山救护队士气就是指矿山救护指战员的工作态度与满意度。

根据一定的主客观条件下表露形式的不同，士气分为常态士气和爆发士气。常态士气是指平常状态下所具有的士气，如理想信念的坚定程度，工作主动性的积极性程度，对矿山救护指战员群体的认同感、归属感、集体主义观念、实干精神等。爆发士气是指在完成艰难任务时，如参加国家、省级矿山救援技术竞赛中夺取名次，在事故处理、面临危险的情景下爆发出来的情绪状态。常态士气是爆发士气的基础，爆发士气是常态士气的发展和释放。

2. 士气的作用

士气是一种具有积极主动性的动机，而动机是行为的内在原因，所以士气的作用在于激发人们的体力、精力、能力等潜在的生理能量和心理能量。有士气的个体，总能为执行整体和长远的目标任务爆发出较大的力量。

（1）士气影响组织业绩和工作绩效。高士气的救护队具有更高的整体效率，也为救护队带来发展的生机与活力。

（2）士气影响救护队的稳定。高士气的救护队更能保证员工留职，确保救护队人员的稳定性，降低组织成本，提高组织工作效率。

（3）士气能降低疲劳。士气强的个人在救护队学习、训练及事故处理中，总是能付出较多的精力体力，而不知疲倦；相反，士气弱的个人即使付出较少的精力体力，他也可能会感觉到异常的紧张和疲劳。

（4）士气能发挥潜力。士气的高涨会使指战员拥有更强的自我控制力，保持清醒和理智，更有利于发挥潜力。

（5）士气能提升战斗力。矿山救护队拥有高昂的士气，能更好地应对逆境与外界压力，特别是在面对水、火、爆炸等危险威胁时，更能转危为安，逢凶化吉。

（6）士气影响团结。高昂士气有利于团结，较低的士气会引起同事疏远、冷漠。

（7）士气能减少或弱化不良情绪。情绪具有动机功能，能影响士气，但士气中的积极主动性和意志性也能减少或弱化不良情绪。如所属小队或中队具有高昂的士气，指战员个人的不良情绪，会被包容、疏导和缓解，从而有效减少或弱化不良情绪。

二、士气的影响因素

影响士气的因素既有个体因素，也有个体所在的环境因素。华盛顿陆军研究所 Frederick J. Manning 认为，军队士气决定因素包括个体与群体因素，个体因素包括生物需求，也包括心理需求。健康的身体、良好的食物、充分的休息与睡眠、洁净干爽的衣物、盥洗设备和对环境侵害的防护等，都是生理需求的例子；高士气需要有一个目标、一个角色和一个自信的理由。群体因素包括成员的高度同质性、拥有共同经验，单位必须能产生某种成功感和成就感，有明确而有意义的群体任务，必须有领导者和领导行为发挥作用。我国学者秦颖、窦胜功等人对不同类型企业员工士气进行调查后指出，管理方式、领导行为、工作内容、工作氛围、作业条件和心理压力等会对员工士气产生影响；张锦年指出了排球运动队士气影响的4个因素：团队目标的一致性、团体内部结构、教练员的领导方式和需求的满足。从管理心理学的角度，影响士气高低的原因主要有对组织目标的认同与赞同、公平合理的经济报酬、团体成员的事业心、对工作的热爱和满足感、优秀的领导者及领导集团、良好的信息与意见沟通、奖励方式得当及良好的工作与心理环境。

三、士气的提升对策

（一）满足需要

美国心理学家马斯洛将人的需要分为生理、安全、社交、尊重及自我实现5个层次，20世纪60年代美国学者赫茨伯格提出双因素理论，双因素是指保健因素和激励因素。保健因素是指对基本需要的满足，基本需要得到满足后，能消除不满，避免士气下落，但并不能提升士气；激励因素与发展需要的满足有关，满足激励因素，能有效增强士气。

1. 满足生理需要

（1）按时发放基本工资，保障矿山救护指战员及其家庭基本生活开支，确实不能按时发放的，可实施借资制度；实行大队或中队全员困难互助金制度，以解决指战员临时性困难；对于有大病、子女上学造成经济拮据、生活艰难的，救护队工会可进行困难救助。

（2）强化后勤保障，妥善解决好指战员的食宿。第二次世界大战中的美国步兵连长 Charlrs McDonald 总结道：我从未想到过，洗一个热水澡便能获得如此大的乐趣。拿破仑声称军队是靠胃来行军的。英国的 Bernard Fergusson 准将认为，连队的一顿热饭可以创造士气的奇迹。矿山救护指战员经常开展体能及技术操作训练，一身汗水一身泥，要保证队内开水、热水供应，能随时洗澡；以中队或小队为单位配备洗衣机、烘干机，保证指战员衣物洁净、清爽；食堂饭菜要卫生，品种多样，物美价廉，充足供应，特别是在事故处理时，要想办法协调事故发生方，保证参与事故处理的指战员在事故处理的间隙能得到充足、良好的食品以补充能量，有相对舒适的地方休息，洗上热水澡，以缓解疲劳、放松身心；队内值班室或宿舍配齐基本的生活用品，做到窗明几净，物品摆放整齐，灯光柔和，以保证指战员休息与睡眠质量；因指战员在值班期间不能外出，队内可组建义务理发室，以小队或中队为单位，委托非值班人员统一代购临时性生活用品。

（3）注重营区建设，努力改善工作条件，美化工作环境。配齐配足办公用品、体育锻炼器材，规范训练场地，搞好营区绿化，保持整洁卫生，创建舒适营区。

（4）科学安排训练计划，保持指战员的休息时间。在事故处理中，要统筹安排力量，要按《矿山救护规程》规定，及时替班，连续作业时间不准超过一个呼吸器班（4 h）。

2. 满足安全需要

（1）矿山救护队要按规定及时为指战员缴纳“五险一金”；对于超龄、因病退役的队员，要妥善安置，消除其后顾之忧。

（2）在事故处理中，要制定科学的安全措施，杜绝“三违”，防止自身伤亡事故的发生；在体能训练时，要采取防护措施，特别是在进行爬绳、引体向上训练时，要安排专人进行保护，防止坠地；应用科学的体能训练方法，做好充分的准备活动，防止软组织挫伤、肌肉拉伤、腰扭伤等运动损伤。

（3）推广应用先进救援装备与个人防护设施，增加安全系数；按时、足额发放劳保用品；常备消炎、止血药品及包扎材料，以应对不时之需。

3. 满足社交需要

社交需要也叫归属与爱的需要，就是希望和人保持友谊，希望得到信任和友爱，渴望有所归属，成为集体的一员。如果得不到满足，就会影响人员的精神，导致高缺勤率、低生产率、对工作不满及士气低落。

（1）建立沟通渠道。设立矿山救护队领导接待日、小队每周例会制度及定期召开座谈会，开展体育比赛和集体聚会，组织成立读书、乒乓球、长跑等兴趣小组，有计划进行轮岗，提供指战员间更多的社交往来机会，使指战员相互接近、熟悉，增强人际吸引。

（2）救护队党组织、工会组织定期开展联谊活动，为单身队员创造恋爱机会，主动帮助他们成家立业。

（3）注重沟通技巧。学会倾听，适当使用目光接触；对讲话者的语言和非语言行为保持注意和警觉；等待讲话者讲完；使用语言和非语言表达回应；用不带威胁的语气来提问；解释、重申和概述讲话者所说的内容；提供建设性的反馈；共情（起理解讲话者的作用）；展示关心的态度，并愿意听；不批评、不判断。

（4）妥善处理内部冲突，营造温馨、和谐、团结的内部环境。冲突涉及利益与矛盾，也涉及对他人行为的错误归因等。发生冲突时，冲突双方要调整沟通方式，进行协商式沟通或利用中间人沟通，同时改变知觉方法，采取积极的归因分析问题。救护队领导要发挥主导作用，及时处理好冲突，促使指战员之间建立良好人际关系。

4. 满足尊重需要

尊重需要是有关个人荣辱的需要，包括自我尊重需要（如独立、自由、自信等）和社会尊重需要（如名誉、地位、权力、责任等）。

（1）建立公平、公正、畅通的晋升渠道。救护队为指战员提供继续学习的机会，全方位多角度开展培训活动；有计划地实施墩苗、育苗计划，加强中队与科室之间的人员交流；注重德才兼备，提拔一个对的人，能激活一大片；提拔一个错的人，能打击一大片，用人标准要明确，阳光下操作，让广大指战员看到希望。

（2）采取多种形式进行奖励和表扬。在救护队日常工作过程中，领导者应该学会鼓舞职工，给予指战员适当的表扬，让指战员觉得自己受到重视，表现优异的指战员，还可以颁发荣誉奖章、张贴优秀员工光荣榜，提高指战员的积极性，并能够增强士气。

5. 满足自我实现需要

自我实现需求又叫创造自由的需要，希望能充分发挥自己的聪明才干，做一些自己觉得有意义、有价值、有贡献的事，实现自己的理想与抱负。

（1）为指战员提供与其能力素质相适应的工作岗位，为其设置施展才华的舞台，使其能力能够得到应用，潜力得到发挥。安排具体任务或项目时，让其承担富有挑战性部分，使其达到心流体验状态，满足胜任需要。

（2）充分肯定、接纳指战员的主观能动性。让熟悉业务知识、掌握实际情况的指战员参与救护队决策，鼓励指战员开动脑筋、创新思路，为救护队排忧解难，特别是在事故处理中，更要动员指战员献计献策，制定安全、可行、有效的事故处理方案及行动准则。

（二）绩效考核

绩效考核是依照工作目标和绩效标准，评定员工的工作任务完成情况、工作职责履行程度和员工的发展情况，以此实现目标、发现问题、分配利益，促进队员成长，激励进步和鼓舞士气。

1. 制定目标

（1）矿山救护队在制定考核目标时，要有明确、具体的标准。指战员参与制定，且能形成竞争机制，目标具备困难性与可接受性。

（2）考核目标具备子母目标完整的系统，即大队目标、中队目标、小队目标及个人目标。

2. 实施考核

（1）采取多种形式的考核方式，包括上级考评、自我考评、同事考评及下属考评，以取得真实、全面、有效的考评结果，真实反映目标完成情况。

（2）严格控制考评过程，坚持公平公正原则，防止因主观因素的影响而产生考评偏差。

3. 绩效分配

（1）依据考评结果，严格按照绩效分配制度兑现奖罚和绩效工资。

（2）善用考核结果。考评结果作为评先、晋升的依据之一，延续、加强激励作用。

（三）提升领导素质与水平

领导者的影响力是影响士气的主要因素，领导者大公无私、奋发图强的精神状态，能激发员工高昂情绪，士气就高；领导者坚持原则，办事公道，亲民爱民，就能使团队正气上升，人际关系和谐，士气高涨；领导者采取民主管理，善于集思广益，可增强员工的认同感；领导敢于承担责任，可以增强员工对领导的信任，提高士气。

（1）注重品德与才能的修养，提高领导者的非权力影响力。

（2）正确使用权力性影响力。领导者要具有正确的权力意识、信任意识、用人授权意识、支持意识、关心下层意识、集体团队意识等。

（3）遵循领导的法则，提高领导与管理艺术。

（四）争取社会支持

矿山救护队属“地下”工作者，是在深达百米、千米的井下抢险救灾。因矿井防爆的要求及救援开展时的全力以赴、争分夺秒，矿山救护宣传工作一直滞后，社会对矿山救护队的认同、理解、支持与尊重有很大的增长空间。社会广泛的认同与尊重，有利于提升矿山救护队团队士气。

（1）加强宣传。在国家或省级层面上，多举办大的救援赛事等活动，利用多种媒体，向全社会宣传，展示救护队风采；在事故处理中，不仅仅要进行事后播报，也要应用防爆相机、防爆录像机等设备加强事中特别是井下的跟踪报道。

（2）展示良好形象。矿山救护队在野外爬山演习、万米行走，在去矿井处理事故或进行安全技术工作、预防性安全检查时，处处注意自身形象，统一着装，言行举止符合军事化管理规定。

（3）积极参加社会活动。在保证战备值班力量的前提下，积极参加社会活动，如反恐、抗震救援、汛期抗洪。

（五）乐观归因，自我接纳

指战员士气高低的决定因素是指战员自己，只有不断调整自己认知，保持积极的心态，完全接纳自己，自己的士气才能更高。

1. 乐观归因

心理学家阿伯拉姆森提出了抑郁型和乐观型的归因风格，抑郁型的归因风格把消极的事件归于内部的、稳定的和整体的因素，把积极的事件归于外部的、不稳定和局部的因素，所以具有这些风格的人常常从消极的方面去解释生活和理解他人，易陷入习得性无助状态；相反，乐观型风格的人把积极的事件归于内部、稳定、整体的因素，而把消极的事件归于外部的、不稳定和局部的因素，则易拥有乐观情绪。

矿山救护指战员遇到不顺、逆境时，要多采取乐观归因分析，辩证地看问题，从不利中吸取积极成分，保持良好情绪，使自己士气饱满。

2. 自我接纳

自我接纳是个体对自我的特征、感受、生活经历等与自我相关的一切内容采取一种积极的态度，以促进自我的整合与成长。自我接纳的最终目的是让个体正视并拥抱真实的自己，然后在现有基础上整装出发，去进一步完善自己。

（1）坦然正视真实的客观的自我，包括身体特征、家庭背景、成长经历、个性特点等一切与自我相关的内容，不做任何好或者坏的评价。

（2）在正视真实自我的基础上，再审视自己还可以做得更好的地方，之后转化为对自己的合理寄望。

（3）在真实自我的基础上，一步一步去塑造期待中的自己。

（4）在完成对自己的寄望的过程中，接纳那个可能时而前进时而退后时而又原地徘徊的自我。

第十节　职　业　倦　怠

矿山救护指战员日复一日重复机械地训练、考核，且训练、考核内容与项目基本不变，形式固化、乏味；成年累月参加战备值班工作，随时做好出动准备，压力大且持续时间长，久而久之会使指战员产生一种疲惫、困乏，甚至厌倦的心理，在工作中难以提起兴致，打不起精神，没有了激情，只是依仗着一种惯性来工作，便形成了职业倦怠。矿山救护指战员的职业倦怠会严重影响正常的矿山救援工作，需及时采取措施，缓解职业倦怠症状，消除职业倦怠的发生、发展。

一、职业倦怠的概念及其不利影响

1. 职业倦怠的概念

职业倦怠是个体因不能有效地缓解工作压力或妥善处理工作中的挫折所形成的一种情绪衰竭、人格解体、个体成就感下降、身心疲惫的综合症状，它是一种由工作与职业引发的心理枯竭现象，是在工作重压之下所体验到的身心疲惫、能量被耗尽的感觉，这和肉体上的疲倦劳累不一样，是源自心理的疲乏。

2. 职业倦怠的不利影响

职业倦怠因工作而起，又反作用于工作，导致工作状态恶化，职业倦怠进一步加深，形成恶性循环，对工作具有极强的破坏力。矿山救护指战员职业倦怠带来的不利影响主要包括：

（1）降低矿山救护指战员个体绩效及矿山救护队绩效。职业倦怠典型的特征：对前途感到无望，工作满意度下降，工作热情和兴趣丧失。指战员出现职业倦怠后，工作态度消极，易旷工、迟到、早退，不遵守纪律，不服从指挥，工作效率低，反应迟钝，学习、训练积极性不高，敷衍应付，消极怠工，甚至开始打算退队、跳槽甚至转行。职业倦怠直接后果是指战员个体绩效的降低，进而影响所在矿山救护队的工作绩效，学习、训练成绩上不去，整体素质提升受到制约，战斗力不强，甚至在事故处理中影响进度与安全。

（2）影响矿山救护队伍的稳定。职业倦怠的典型表现包括对工作的厌倦，厌倦情绪本身有一定的传播性，个别或部分指战员的不良情绪容易影响他人并蔓延，进而影响所在矿山救护队伍的稳定。同时，厌倦救护工作也是导致指战员退队、离职的重要因素。

（3）危害矿山救护指战员的身心健康。A. J. DuBrin（2007）研究后认为，职业倦怠的后果中，有以下生理症状：心率加快、血压升高、血糖增多、血黏度增加，压力持续引起包括心脏病突发、中风、过度紧张、有害胆固醇水平增高、偏头痛、皮疹、肿瘤、过敏和肠炎等疾病。职业倦怠对指战员身心健康的危害不容忽视。

（4）带来人际关系紧张。职业倦怠中的人格解体，表现出来的症状是对周围的人、事物漠不关心，情绪烦躁、易怒。这种情绪往往容易造成工作中的人际关系紧张，与同事，甚至家人、朋友之间的关系危机重重，容易发生口角，挑起矛盾与冲突，影响所在矿山救护队内部团结，影响自己的正常生活。

二、职业倦怠产生的原因

Maslach 和 Leiter 于 1997 年提出了职业倦怠的工作匹配理论，分析了职业倦怠的原因，在以下 6 方面越不匹配，就越容易出现职业倦怠：①工作负荷不匹配（工作过量与超负荷）；②控制感不匹配（与职业倦怠中的无力感有关，通常表明个体对工作中所需的资源没有足够的控制权）；③报酬不匹配（经济报酬与生活报酬不能令人满意）；④团体不匹配（员工不能与周围同事建立良好关系或与社会缺乏联系）；⑤公平不匹配（工作量、报酬或升迁机会不公平所引起的情绪衰竭）；⑥价值观不匹配（员工和周围的同事、上级或组织价值观不一致）。

A. J. DuBrin（2007）认为，长期经受压力，就会精疲力竭……个体人格与职业倦怠有关。

矿山救护指战员职业倦怠产生的原因有指战员个体因素与矿山救护队的组织因素两个层面，具体原因如下。

1. 工作压力大

矿山救护队是处理矿山事故的专职队伍，其核心任务就是在矿山发生事故时抢救人员、消除事故。这种任务具有极大的危险性，全国每年均有矿山救护指战员自身伤亡事故的发生；在事故处理一线抢险时，面对水、火、爆炸、顶板等事故造成的矿工伤亡惨状，极易产生无力感、无助感；为更好地完成抢险救灾任务，指战员常年坚持高强度的学习、训练，在抢险时，更是不计时间、不计辛劳，连续作战。2021 年 6 月 4 日 17：50，鹤壁煤业公司×××矿×××掘进工作面发生煤与瓦斯突出事故，鹤煤救护大队全体指战员共进行了 70 多个小时的连续奋战，救出遇险矿工 9 人，其中 1 名生还。在事故处理过程中，除值班的 1 个中队外，其他 2 个中队的 6 个小队连轴运转，每天工作 16 小时以上，指战员体力透支严重，身心俱疲。

2. 管理严格

矿山救护队实行军事化管理，要求一切行动听指挥，下级服从上级，指战员只能接受命令，被动地执行命令，自己的言行举止处处受军事化管理条例的制约，而很少参与决策，缺乏自主性，控制感不强。

3. 重复性工作

重复性工作是人产生倦怠感的重要原因。矿山救护指战员除事故处理外，日常工作就是进行规定科目的学习、训练，日复一日，年复一年，内容固定、单一，千篇一律。

4. 薪资待遇不合期望

目前，矿山救护队在归属上分两种类型，一是归属于矿山企业，一是归属于地方政府。归属于企业的矿山救护队，其薪资随矿山企业效益的好坏而变动，其薪资标准在所属企业工种中相对较低，有时还拖欠严重；归属于地方政府的矿山救护队，收入稳定，河南省各地政府所属的矿山救护队收入，队长每月 4500 元左右，队员依其工龄、技术等级有所差别，每月平均 3000 元左右。相对于其他行业，加之与矿山救护队工作性质的危险程度、付出的辛劳相比，均显较低。特别是在事故处理时，指战员付出巨大的努力与牺牲，事故处理结束后本应论功评奖受表彰，但因为所在地方政府或企业发生事故了，正接受上级有关部门的调查、追责，很少或不可能顾及矿山救护队的付出。

5. 晋升通道狭窄

矿山救护队在矿山企业内部属非主流单位，职位设置符合《矿山救护规程》的规定即可，甚至有的还不能满足规定；政府所属的矿山救护队，职位编制有严格的规定，职位少，内部晋升困难，加上矿山救护队专业性强、业务单一，限制了与外界如矿山企业、其他政府职能部门的人才交流。如果存在人员任用方面的不公平、不公正，矿山救护队指战员就会感觉前途渺茫，加大了职业倦怠发生的可能性。

6. 工作—家庭冲突

工作—家庭冲突也是导致指战员职业倦怠的重要原因。工作—家庭冲突体现在矿山救护指战员无法平衡来自工作和家庭两个领域的压力。指战员需长年累月参加战备值班，战备值班至少是连续 24 h。在这 24 h 内，不准请假、不得离开队部，要做好随时出动、处理事故的准备。此外，越是节假日越紧张，越得保持战斗力严阵以待，在此期间，照顾不了家里老人，陪伴不了孩子、爱人，无法解决家庭出现的困难。

7. 与同事关系紧张

矿山救护指战员在考核、晋升及评先方面存在竞争，使他们之间相互提防、猜忌，加上矿山救护队过着统一食宿的群居生活，长时间近距离接触，朝夕相处，易产生矛盾与冲突。

三、职业倦怠的缓解与消除对策

从矿山救护指战员个体和矿山救护队组织两个层面对职业倦怠进行干预，以缓解和消除指战员的职业倦怠。研究表明，从个体层面上，可以通过放松训练、时间管理、社交训练、态度改变等来对个体职业倦怠进行干预。通过自我调节的方式进行疏导，通过不同渠道释放压力，宣泄负性情绪，提高自我效能感的水平，将有效缓解员工职业倦怠问题。从组织层面上，救护队的分配公平性与工作倦怠有中等程度的相关，队员参与决策以及自主权的多少也与工作倦怠相关，重视职业伤害，给予完善的保护措施，增加员工的安全感，将有效降低员工职业倦怠。另外，应建立救护队和谐的人际关系，个体的自主决策性越强，倦怠水平就越低。针对矿山救护队指战员具体情况，在实际工作中，采取以下对策进行干预，可在一定程度上缓解、消除指战员的职业倦怠。

1. 认识自我，学会自我调节

矿山救护指战员要认清自我价值，学会欣赏自己，善待自己，适时自我安慰、自我鼓励；遭遇挫折时，要善于多元思考，换个角度考虑问题，要将焦点放在“解决”上，而不是“问题”上；可找机会休假，放空自己，多运动，运动是减压的最佳方式；多学习，充实自己，增强处理问题的能力；情绪紧张时，可用简单的呼吸放松法、肌肉放松法放松自己。

2. 优化激励机制，提升个人价值认同

建立公平合理的薪酬福利、奖惩制度，不断完善精神激励和物质激励，让人才能够合理实现增值与回报，提升矿山救护指战员个人价值认同，从而预防职业倦怠的产生。

晋升通道通畅，是影响员工个人成就感和公平感的重要因素。一方面，矿山救护队应建立完备的岗位体系，并有明确的、公正的岗位晋升通道，让矿山救护指战员看到职业生涯发展的方向；另一方面，要倡导指战员岗位成才、岗位建功。指战员晋升机会本身比较有限，且越往上可晋升职位越少，因此，更应该提倡立足本岗，做好岗位建设，实现岗位成才。

3. 加大人本关怀，做好减压管理

矿山救护队作为一级组织，关怀员工，解决员工后顾之忧，将有助于提升员工的工作热情，提升其自我价值，从而有效降低职业倦怠的发生。如进行节日慰问、困难走访，实行互助金制度，临时解决指战员生活困难。邀请专业人士对指战员进行拓展放松训练，学习一些简单的心理调适方法，党团、工会等部门可以组织各类活动，丰富指战员业余生活，组织成立摄影、篮球、长跑、钓鱼等各类协会，培养指战员广泛的兴趣爱好，帮助指战员树立积极向上的人生观，可有效缓解工作压力、疏导情绪。

4. 建立沟通渠道

人际沟通是人与人之间传递信息、沟通思想和交流情感的过程，人们通过人际沟通交流情感，协调自己的行为，从而保持身心健康。矿山救护队可建立领导接待日制度，听取指战员的呼声，定期召开座谈会，鼓励指战员可以以多种形式对矿山救护队的工作提出建议、批评，对建议、批评及时反馈。顺畅的沟通渠道让指战员适时地表达自己对所在救护队的想法，让其感受到自己存在感的同时，也避免了因为长时间堆积的对救护队不满的负面情绪无法宣泄而产生职业倦怠。

5. 丰富日常学习、训练形式与轮岗

工作内容单调是引起职业倦怠的主要因素之一，丰富岗位内容与轮岗被认为是缓解职业倦怠的有效方式。限于规定，矿山救护队日常学习、训练内容不能更改，但形式可以各样化，打篮球可以与长跑一样起到锻炼作用，野外长途步行，在强化耐力的同时，还可欣赏到风景，呼吸到新鲜空气，同样达到在队内围着跑道走的训练效果，且更能使指战员放松心情、愉悦心情。

建立定期轮岗制度，指战员能接触新的同事，处于新的环境，新鲜感有助于消除职业倦怠，在工作岗位轮换的同时，也能够满足指战员个体学习成长的需求。

6. 营造和谐环境，倡导良性竞争

人是社会性的动物，具有合群与群居的倾向，矿山救护队内部良好的人际关系，可以满足矿山救护指战员亲和的需要，提高其满意度，对抑制负面情绪有重要作用。矿山救护队要努力营造和谐环境，促进良性竞争，建设美好营区，真正做到团结紧张、严肃活泼。

和谐的家庭关系可以降低员工倦怠感。一方面，矿山救护指战员自身要合理安排时间、尽可能平衡好家庭与工作，争取家庭成员对于工作的理解和支持；另一方面，矿山救护队也应该更多地为指战员发声，通过各种方式增加指战员家属对指战员工作、救护队发展的认同感，关心指战员家庭，帮助指战员在工作和家庭中寻找平衡点。

7. 重视职业危害防护，增强矿山救护指战员安全感

在处理事故时，矿山救护指战员要面临伤亡威胁；在日常工作中，由于经常进行高强度的体能训练，易导致运动伤害。因此，矿山救护队应重视职业危害防护，如推广应用新技术、新装备，提升指战员个人综合素质，不违章作业，拒绝违章指挥，防止自身伤亡事故的发生；应用科学的体能训练方法，做好充分的准备活动，防止软组织挫伤、肌肉拉伤、腰扭伤等运动损伤。

第十一节　冲　突　管　理

矿山救护队的冲突是客观存在的，是不可避免的。由于矿山救护指战员个人存在着各种差异，对同一个问题就会有不同的理解和处理；矿山救护队大队下属

中队、小队之间、指战员个人之间存在着体能、技能及考核、绩效、升迁等方面的竞争，因此就会产生不一致，或是不能相容，冲突就由此而生。科学、正确的冲突管理，能有效降低破坏性冲突的水平，并使其向着建设性冲突转化，从而建立起矿山救护队良好和谐关系，即指战员彼此间应互相支持，行动协调一致，以保证矿山救护队有效地完成“召之即来、来之能战、战之能胜”的目标，满足矿山救护指战员个人生理、安全、社交、尊重等需要。

一、冲突的概念及特征

1. 冲突的概念

个人与个人之间、个人与群体之间、群体与群体之间互不相容的目标、认识或感情，并引起对立或不一致的相互作用的任何一个状态，即为冲突。冲突是双方意见的对立或不一致，以及有一定程度的相互作用。冲突有各种各样的表现形式，如暴力、破坏、无理取闹、争吵等。冲突有 3 种：冲突双方具有不同的目标导向时发生的冲突为目标性冲突；不同群体或个人在对待某些问题上由于认识、看法、观念之间的差异而引发的冲突为认识性冲突；感情性冲突是人们之间存在情绪与情感上的差异所引发的冲突。

2. 冲突的特征

冲突具有 3 方面特性，即客观性、二重性和程度性。冲突的客观性，是指冲突本身不可避免，应承认、正视并预见冲突，它可能发生于人与人之间，人与群体之间，群体内部的人与人之间，群体与群体之间。冲突的二重性，是指冲突有积极方面的影响，也有破坏性的影响，应避免冲突向破坏性方向发展，引导冲突向建设性方向转化。冲突具有程度性，冲突以适度为宜，过低或过高都会降低组织绩效。冲突水平偏低时需要激发，偏高时需要控制，使之维持在对组织有益的程度上。

二、冲突管理理论

冲突管理是指通过研究冲突的行为意向和冲突中的实际行为，以及反应行为的内在规律、应对策略和方法技巧，采用一定的干预手段改变冲突的水平和形式，最大限度地发挥其益处而抑制其害处，以便有效地管理好实际冲突。

（一）五阶段冲突理论

美国管理学教授斯蒂芬·P·罗宾斯（Stephen P. Robbins）提出五阶段冲突理论，把冲突的过程分为潜在的对立、认知和情感投入、行为意向、行为和结果5个阶段。

1. 潜在的对立

潜在的对立阶段是冲突的萌芽期，这时候冲突还属于次要矛盾，对冲突的存在还没有觉醒。在这个阶段，冲突产生的温床已经存在，随着环境的变化，潜伏的冲突可能会消失，也可以被激化。潜在的对立是冲突产生的必要条件。这些条件（即冲突根源）概括为3类：沟通、结构和个人因素。

（1）沟通。语义理解困难、信息交流不充分以及沟通渠道中的沟通偏差，这些因素都构成了沟通障碍，并成为冲突的潜在条件。

（2）结构。结构包括群体规模、分配给群体成员任务的专门化程度、管辖范围的清晰度、员工与目标之间的匹配性、领导风格、奖酬体系、群体间相互依赖程度等。群体规模和任务的专门化程度可能成为激发冲突的动力；群体规模越大，任务越专门化，则越可能出现冲突；责任模糊性程度越高，冲突出现的可能性就越大；管辖范围的模糊性也增加了群体之间为控制资源和领域而产生的冲突；群体之间目标的差异是冲突的主要原因之一；就领导风格来说，严格控制下属行为的领导风格，也增加了冲突的可能性；如果一个人获得的利益是以另一个人丧失利益为代价的，这种报酬体系也会产生冲突；如果群体之间的依赖关系表现为一方的利益是以另一方的牺牲为代价的，都会成为激发冲突的力量。

（3）个人因素。具有特定的个性特质的人，如具有较高权威、武断和缺乏自尊的人易导致冲突，而价值系统的差异，如对自由、幸福、勤奋、工作、自尊、诚实、服从、和平等的看法不同，也是导致冲突的一个重要原因。

2. 认知和情感投入

冲突的一方或多方受潜在的对立影响和认识到潜在的对立，会进一步引起情感上的冲突，即当个体有了感情上的投入，双方都体验到焦虑、紧张、挫折或敌对时，潜在冲突方才可能成为现实。如果及时采取措施，可以将未来可能爆发的冲突缓和下去。

3. 行为意向

行为意向介于一个人的认知和外显行为之间，指采取某种特定行为的决策。行为意向导致行为。

4. 行为

当一个人采取行动去阻止别人达到目标或损害他人的利益时，就处在冲突过程的行为阶段，冲突就公开化了。公开的冲突包括行为的整个过程，从微妙、间接、节制，发展到直接、粗暴、不可控的斗争。这一阶段是一个动态的相互作用过程。

5. 结果

冲突双方之间的行为与反应相互作用导致了最后的结果：一是提高组织绩效，二是降低组织绩效。

（二）庞迪的冲突分析模式

美国行为科学家庞迪（Pondy）在对冲突形成的原因和表现出来的特点进行分析后，提出了一个由3种类型冲突模式组成的冲突分析模型。这三种冲突模式分别为冲突的讨价还价模式、冲突的官僚模式、冲突的系统模式。

1. 冲变的讨价还价模式

组织成员或其他竞争主体在争夺紧缺资源时，冲突各方可能形成不同的利益群体或集团，并可能演变成相互倾轧的破坏性冲突，从而消极影响组织和组织效率。

2. 冲变的官僚模式

这种冲变模式主要是指在组织中，按照指挥链和职权关系，上级在运用职位权力命令和控制下级的活动与行为时所发生的垂直方向的冲变。

3. 冲突的系统模式

这种冲突模式主要是指在组织内部行使不同职能的主体（单位、部门、团队）之间所发生的冲突。

（三）杜布林的冲突系统分析模型

美国心理学家安德鲁J. 杜布林（Andrew J. DuBrin）的冲突系统分析模型包括输入、干涉变量和输出3个要素。

1. 输入

输入是指冲突的根源，包括8个方面：

（1）人的个性。群体内的个性差异越大，共性则越小，组织成员合作的可能性就越小，存在的分歧、矛盾就越普遍，工作和交往中的阻碍、争执和冲突也就越频繁。

（2）有限资源的争夺。资源是有限的，当资源相对稀缺时，在资源方面不可避免的冲突将变得更加激烈。

（3）价值观和利益冲突。个人或群体价值观的差异易引起组织冲突。

（4）角色冲突。组织中的个人和群体由于承担的角色不同，各有其特殊的任务和职责，从而产生不同的需要和利益，从而发生了冲突。

（5）追逐权力。在任何群体或组织中，权力和追逐权力都是一种自然存在的现象。追逐权力有时就会导致冲突。

（6）职责规定不清。个体或部门工作职责的不清，将会使个体之间及部门之间互相推诿，对责任各执己见，引起冲突。

（7）组织的变动。当组织变动时，如机构的精简和合并，使原来的平衡被打破，局部的利益受到威胁，员工与组织之间的冲突在所难免。

（8）组织风气不正。冲突与组织风气有关。组织风气正，则多为建设性冲突，且冲突程度适中；组织风气不正，则多为破坏性冲突，且冲突程度失控。

2. 干涉变量

干涉变量指处理冲突的手段，手段恰当与否，将影响冲突的结果，而冲突的结果又会造成进一步的冲突。

3. 输出

输出指冲突的结果。有益的冲突能够增加激励，提高能力；有害的冲突可能导致组织绩效不佳，组织目标被歪曲。

三、矿山救护队冲突的原因分析

冲突产生的最主要原因是利益与矛盾的存在，以及对利益与矛盾的知觉，但冲突并不仅仅涉及利益与矛盾，也涉及对他人行为的错误归因，不良的沟通方式等。矿山救护队冲突的原因主要有竞争、误解、不公正及指战员个体人格差异等几种。

1. 竞争

竞争是个体或群体间力图胜过或压倒对方的心理需要和行为活动，目的在于追求富有吸引力的目标。矿山救护队的竞争主要存在于职位晋升、考核、比赛、评先等各个方面。当不同的群体、个人为稀缺的职位、住所和资源进行竞争时，敌意便产生了，当利益相抵触时，冲突便产生了。

2. 误解

中国人很多时候表达含蓄、用字隐晦，需要他人根据当时讲话的环境以及非言语的线索，比如声调、表情、动作，让人去揣测文字背后或话语背后的真正含义，也就是说沟通讲究点到为止、言简意赅，同时强调心领神会、“此时无声胜有声”（高语境）。矿山救护队实行军事化管理，安排工作以命令形式为主，强调直截了当、开门见山（低语境）；平时上下级相处、同事相处，又有高语境，矿山救护队沟通是高、低语境的交织，极易引发误解。

3. 不公平

公平是指处理事情合情合理，不偏袒某一方或某一个人，即参与社会合作的每个人承担着他应承担的责任，得到他应得的利益。如果一个人承担着少于应承担的责任，或取得了多于应得的利益，这就会让人感到不公平。矿山救护队在日常工作中，在职务晋升、绩效考核、收入分配、奖金发放、评先、竞赛等方面，如出现偏袒或徇私舞弊等不公平现象，就会造成指战员内心不满而引发冲突。

4. 人格差异

个人差异是来自于价值观与人格特征的不同，有些人表现出尖酸刻薄、不可信任、不易合作，导致冲突。在矿山救护指战员中，有的因为自我服务偏差，过分强调自己的贡献与正确，尽量弱化自己的责任与不足，不能客观地评价自己的得失、对错；有的因为有自我合理化的倾向，否认自己的错误行为，将个人的缺点或失败，推诿于其他理由，找人担代其过错；有的因为基本归因错误，从对方简单的行为或一句话就想当然地推断对方具有卑劣的品质，而不考虑当时当地情境因素，以致与对方之间敌意加深。

四、矿山救护队冲突管理策略和方法

按照冲突管理理论，依据矿山救护队实际冲突原因、职业特点和管理方式，实施相应的冲突管理策略和方法。

（一）矿山救护队冲突管理策略

冲突处理的策略，就是有效降低破坏性冲突的水平，并使其向着建设性冲突转化的策略，主要有回避策略、缓解策略和正视策略。

1. 回避策略

回避（avoidance）就是指不对冲突采取积极分析解决的行动，既不满足自身的利益也不满足对方的利益，试图置身于冲突之外，无视不一致的存在或保持中立，以“退避三舍”“难得糊涂”的方式来处理冲突。当冲突不重要、冲突水平较低或冲突影响的范围比较小时，或者出于某种考虑冲突暂时无法解决时，可以采用回避的策略。回避策略具体的手段有忽视、分离及限制3种。

（1）忽视。有意回避或忽视冲突的存在，或寄希望于冲突自行消失。例如，指战员之间发生争吵，但无关大局时，影响不大，可不予理睬。这可能是较好的处理方式。

（2）分离。采取措施使冲突各方在一定条件下予以分隔，使之不能继续发生正面冲突或将冲突进一步激化。例如，救护队员年轻气盛，争执激化乃至发生斗殴，不问原因而先采取措施予以分离，待平静之后再行处理。

（3）限制。冲突各方的相互作用仍然存在，但加以限制，使之减少“摩擦”。例如在救护内部讨论救援方案时，可争论、批驳，但只限定于会议主题，不能发生人身攻击，不得有“胆小怕事”“冒险要大胆”“不懂装懂”之类的言论，不得恼怒、蔑视他人。

2. 缓解策略

缓解（defusion）就是先设法解决次要的、部分的分歧，减少冲突的尖锐性和重要性，为冲突的彻底解决争取时间，创造条件。缓解策略可以使冲突得到一部分缓和，减少继续激化的可能性。缓解策略包括安抚和妥协。

（1）安抚。有意贬低分歧的意义，强调冲突各方的共同点和共同利益，“大事化小，小事化了”。安抚策略明显地以拖延时间为目标，所以“拖拉”也是处理冲突的手段。

（2）妥协。妥协实质上是一种交易，又称为谈判策略，指的是一种适度满足自己的关心点和他人的关心点，通过一系列的谈判、让步、讨价还价来部分满足双方要求和利益的冲突管理策略。妥协易为各方接受，但冲突仍可能再起。

3. 正视策略

正视（confrontation）冲突是最积极地处理冲突的策略。回避和缓解虽然可以在局部上或暂时使冲突得到化解，但并没有从本质上解决冲突，因此，冲突仍然存在进一步激化的可能性。而正视的策略是从根本上解决冲突的做法。正视冲突，通常会把问题摆在桌面上，采取积极的沟通，发现和消除分歧，妥善处理冲突。正视策略具体手法有正式沟通、角色互换和服从更高目标3种。

（1）正式沟通。“问题摆到桌面上”，就事论事，不争胜负，只允许讨论消除分歧，使冲突得到妥善处理。

（2）角色互换。引导冲突各方设身处地从对方的角度着想，本着通情达理的原则，达到相互理解、谅解和支持。

（3）服从更高目标。帮助冲突双方找到一个共同的更高层次的目标，且这个高层次目标为各方所认同。这样冲突双方都关心更高层次目标，就有可能摒弃现有的分歧，超越眼前的目标，致力于以实现高层次目标来满足各方的共同利益。

（二）矿山救护队冲突管理方法

1. 树立积极的冲突观，认识冲突影响的二重性

改变传统的冲突观，要认识到冲突既有破坏性的影响也有积极方面的影响，不要害怕引发冲突，不要担心引发冲突，要充分发挥建设性冲突对于企业的积极作用。适当激发建设性冲突，可以提高救护队的活力和创新能力。救护队普遍存在一种“唯上”现象，上级决策过程中很少听取下属的意见，下属也往往对上级的决策唯命是从，很少提出异议，看似一团和气，实际上气氛沉闷，缺乏活力和创新。救护队应推行民主机制，鼓励广大指战员献言献策，让熟悉业务知识、掌握实际情况的指战员参与救护队决策，鼓励指战员开动脑筋、创新思路，为救护队排忧解难。在事故处理中，更要动员指战员，特别是老队员，知无不言，言无不尽，展开讨论，以制定安全、可行、有效的事故处理方案及行动准则。

2. 优化救护队组织结构，理顺管理关系

矿山救护队实行大队、中队、小队三级管理，明确大队、中队、小队及职能科室的权限与责任，明确大队及中队领导分工，限制越级、交叉指挥和汇报，防止互相推诿、推卸责任、互相扯皮、相互指责的现象发生，消除工作敷衍、应付和搪塞行为，减少来自组织架构方面引发的冲突。

3. 强化全局观念和大局意识

教育引导矿山救护指战员树立全局观念、大局意识，要通观救护队全局“向前看”，抓住关键，抓住主要矛盾，分析事物要看本质，要看事物的主流，用联系和发展的眼光分析问题，不计眼前得失和局部得失，在必要时能够勇于牺牲局部“小我”和暂时利益，从而得到长远、广泛的利益；打击、杜绝个人主义和本位主义，将广大指战员之间的竞争、中小队之间的竞争，统一到实现整个

救护队发展的高层次目标上来。只有实现了高层次目标，才能够满足广大指战员、中小队的利益。

4. 加强自我修养，改变认知

（1）加强自我修养，养成心胸开阔、宽以待人、遇事冷静等品质，不断提升自我修养，学会换位思考。

（2）改变认知，杜绝随意推论、选择性断章取义、夸大与贬低、个人化的关系推理、乱贴标签的类比和极端化思考等逻辑错误，从而避免产生消极信念，人为地制造误会，引发冲突。

5. 进行直接沟通

良好的沟通是彻底解决冲突的最佳方法之一。总的来说，冲突必须由冲突的双方直接沟通解决。

（1）监督对话。冲突的双方最初根本不可能真正地沟通。没有外力的帮助，他们在原有的片面观察问题的基础上极可能在很短的时间内再度彼此误解，重新争吵，所以在解决冲突的第一个阶段有必要由一个中立的第三方密切监视冲突双方的双向行为。

（2）袒露感情。若双方不能坦白地说出自己主观的感受，例如失望、受冤屈和伤害的感觉，则没有希望解决冲突。只有袒露感情，才能减缓积蓄已久的压力，让冲突回复到本来的根源上，即具体的需求和利益上。

（3）正视过去。仅仅说出感觉还不够，双方都必须让对方明白，不论是有意的还是无意的引起自己失意、失望和愤怒的具体情景、情况或事情，以及具体原因。做到这一点，对方才能明白自己在冲突中所占的分量，并且学会去承认这个事实。反过来，这也成为他不再将对方视为冲突中唯一的“责任者”。

（4）找到双方可接受的解决办法。采取富有建设性的双赢策略，共同制定一个长远的解决办法，使双方的利益趋于一致，并最终实现双方利益的最大化。在制定解决办法时，双方均要保持开放的心态，多聆听对方的看法，并以公正的态度寻找一个共同的标准，在这样的基础上才能得到双方都能接受的结果。如果冲突的双方都倾向于先确定一个自己的预期目标，不达到目的不肯罢休，这样的做法往往无助于矛盾的解决，相反还会加剧矛盾和冲突。

6. 第三方介入

中国人好“面子”，较少采用当面直接沟通、对质的方式去处理冲突，而更倾向于采用中间人或第三方的方式从中周旋。第三方介入是指相对中立的第三方作为调解人或仲裁者，帮助冲突各方解决分歧。第三方介入处理冲突效果好、效率高、结果公平。

矿山救护队内部第三方介入处理冲突可分为调解和仲裁两种。调解是第三方充当协调者，将问题明朗化，使冲突双方自己找到解决的方法。仲裁是冲突双方共同的上级领导，充当仲裁者，利用职权，强行采用一套解决冲突的方法，主要是明辨是非、实施赏罚。第三方在调解或仲裁时，要遵循公平和公正的原则，不能偏私。偏袒只会使矛盾激化，而且会产生矛盾的移位，将矛盾扩大，冲突变得更加复杂。

7. 改变任务依存关系

在矿山救护队考核评比、事故处理及从事安全技术工作中，注意去除各中队、小队及指战员个人之间不必要的任务依存关系，是消除冲突的有效方法。

（1）在事故处理及安全技术工作时，工作能分解为独立部分的就分解，由某小队或某个指战员完成，不能分解的，能量化任务就量化，避免存在依存关系，防止扯皮推诿，引发冲突。

（2）在考核评比中队、小队集体成绩的同时，要兼顾指战员个人，可设置个人表彰项目，使优异者得到奖励，以免对自己所在小队或成绩拖后腿者心生怨气与不满。

（3）慎用“互保”“连带”，避免一损俱损，引发“一”与“俱”之间的冲突。

第十二节 “三违”行为的心理机理及对策

矿山救护队指战员的“三违”行为主要发生在抢险救灾及从事安全技术工作中，因“三违”造成的救护指战员自身伤亡事故时有发生。2013 年 3 月 28 日，吉林省白山市江源区吉煤集团通化矿业集团公司八宝煤业公司在−416 采区附近采空区发生瓦斯爆炸后，违章指挥，强行施工密闭墙以封闭灾区，后又擅自安排人员下井作业，先后造成救护队指战员 26 人死亡。2019 年 10 月 22 日，陕西彬长大佛寺矿业有限公司在启封采煤工作面高抽巷密闭墙排放瓦斯时，违反进入灾区的救护队员不得少于 6 人的规定，仅安排 3 名救护队员进入探查区域；未落实携带备用呼吸器等最低限度技术装备的规定；未落实进入灾区前必须检查氧气呼吸器的要求；出动的12名救护指战员仅携带10台正压呼吸器，且氧气压力不足，导致发生瓦斯窒息事故，造成矿山救护队1名副中队长和3名救护队员死亡、1名救护队员受伤。究其“三违”的原因，人们常常将其概括为“图省事、闯大胆、碰侥幸”。“三违”人员的心态主要有9种：①恐惧焦虑；②麻痹大意；③注意分散；④侥幸和惰性；⑤从众；⑥逆反；⑦欲速；⑧盲目冒险；⑨其他异常心态。

一、“三违”行为的心理机理分析

心理支配行为，又通过行为表现出来。矿山救护指战员的“三违”行为，有其内在的心理产生机理，一是个人本身的人格特质，二是社会影响。

（一）人格特质

人格是构成一个人的思想、情感及行为的独特模式，这个独特模式包含了一个人区别于他人的稳定而统一的心理品质。人格是先天与后天的“合金”，是遗传与环境交互作用的结果，具有跨时间、跨情境的稳定性。大五人格特质理论是近年来受欢迎的一个人格特质理论。大五人格特质理论认为人与人之间的人格区别可以由5种特质来表示：外倾性、宜人性、严谨性（尽责性）、神经质和开放性。

1. 尽责性

高尽责性人格的指战员，责任心强，自律、谨慎、克制，能够将自己的精力合理有效地集中在抢险救灾及安全技术工作中，能够严格按照《矿山救护规程》以及规章制度等完成工作，能有效抵制违章指挥，所以不会出现“三违”行为或很少发生。低尽责性人格的指战员“三违”行为发生较多，并且有意成分占比大。

2. 宜人性

高宜人性人格的指战员易盲目顺从、服从或从众，易接受违章指挥，易受其他队员影响而致违章；低宜人性虽然不盲从，但在宜人性侧面特质中的低利他、信任、坦诚，易做出来有意违章行为。

3. 外倾性

外倾性高的指战员，表现出了热情、乐群、果断、活跃、冒险、乐观等侧面特质，易于沟通，愿意采用安全措施，执行安全有关规定，但其中的果断、冒险两个侧面特质可能在一定程度上导致其“三违”行为的发生。

4. 开放性

开放性综合表现了具有想象、艺术、情感、求异、创造、智能等侧面特质，高开放性的指战员可塑性很强，能主动学习，主动制止“三违”现象。

5. 神经质

神经质综合表现了焦虑、敌对、压抑、自我意识、冲动、脆弱等侧面特质，其中的敌对、自我意识、冲动这3个侧面特质是影响不安全行为的主要因素。神经质人格的指战员经常焦虑、烦躁等，无法使自己的注意力很好地集中在工作中，外界的刺激能够迅速吸引他们的注意力，从而在事故处理及从事安全技术工作中易导致“三违”行为的产生。

大量研究表明，大五人格特质对于工作情景中的个体安全行为具有一定的预测性。大五人格中神经质与不安全行为呈显著正相关，外倾性、宜人性、开放性和尽责性与不安全行为呈显著负相关，开放性对不安全行为具有显著负向预测作用，即员工开放性水平越高，不安全行为越少。

（二）社会影响

社会影响是指运用个人或团体的社会力量在特定方向上改变他人态度或行为的现象。矿山救护指战员在抢险救灾及从事安全技术工作过程中，无时无刻不受到各种各样的因素的影响，可能导致其“三违”行为发生。

1. 社会影响强度

美国社会心理学家比伯·拉塔纳（Bibb Latane）提出的社会影响理论指出，来自他人的社会影响的总量取决于3个方面的因素：他人的数量、重要性和直接性。

（1）矿山救护队需时刻备勤，以随时出动抢险救灾，指战员成小队建制一天24 h在一块生活、工作或休息，人与人之间一直处于密切接触状态，指战员之间在时间和空间上接近程度高，即直接性强，且成小队建制，至少10人，数量大，增大了社会影响。

（2）在抢险救灾及从事安全技术工作时，都由中队、大队领导带队，成建制出动，并且近距离面对被服务矿井的各类领导、工程技术人员及大量矿工，特别是在事故处理时，有时不仅仅有矿山救护队领导、事故矿井领导，甚至有省、市领导参与指挥，还有公安、消防战士、新闻媒体，甚至被困矿工家属，所以在他人数量、重要性及直接性上，均大大增强了社会影响程度。

2. 社会影响的基本方式及作用机制

社会影响的基本方式主要有社会促进与抑制、社会懈怠、去个体化、从众和服从、模仿和暗示。

1）社会促进与社会抑制

当一个人正在从事一项工作时，他人在场会造成他注意的分散和转移，产生两种基本趋势之间的冲突：注意观众和注意任务；同时，由于担心他人对自己的评价，这种冲突与评价顾虑能增强唤醒水平，对其工作效率造成影响，对完成简单工作起促进作用，而对完成复杂工作起阻碍作用。

矿山救护指挥员在事故处理时，如果对安全措施学习不好，理解不深，对有关规程研究不透，平时知识积累不多，业务不精，遇到新情况，特别是在面临现场复杂情况时，指挥部领导人数众多，就容易盲目接受上级错误命令而致自己违章指挥、队员违章作业。

某矿一岩石回风巷被其周边一私人小煤窑偷偷挖透，小煤窑的乏风进入岩石回风巷，成为小煤窑的回风巷。后小煤窑着火，为保证安全，该矿建板墙临时封闭了该岩石回风巷，并骑板墙安装局部通风机向内压风，防止小煤窑火灾气体及高浓度瓦斯涌入本矿。该矿召请同属一煤业公司的救护队前往侦察，救护队带队领导至矿调度指挥中心接受任务：打开板墙，进到岩石回风巷与小煤窑相透处，检查气体情况及火势大小。当时在场的矿领导众多，救护队带队领导没有弄清井下情况，更没有分析透险情，也没感觉到存在的危险，就对救护小队下达了命令。救护小队违章进入侦察，且没有进行锁风，侦察完火情、返回途中，发生瓦斯爆炸，导致小队牺牲 4 人、伤 6 人。

2）社会懈怠

群体一起完成一件事情时，由于个体认识到自己的行为不会被单独评价，个人的努力会淹没在人群中，评价焦虑减弱使其对自己行为的责任意识下降，行为动力相应减少，从而导致个人所付出的努力比单独完成时偏少。

因责任意识下降，动力减少，不能积极主动作为，易致矿山救护指战员以下“三违”行为：发现违章不制止，不遵守事故现场安全措施，不能正确使用个人氧气呼吸器、自救器，在从事安全技术工作现场不按规定佩用氧气呼吸器。

3）去个体化

人们的行为通常受道德意识、价值观以及所习得的社会规范的控制。但在群体中，个体认为自己的行为是群体的一部分，个人身份淹没入群体之中，这使得人们觉得没有必要对自己的行为负责，责任分散到群体中每个人头上，也就不顾及行为的严重后果，从而做出不道德与反社会的行为。

在矿山救护队集体行动时，由于责任分散、个人身份的匿名性及自我意识下降，指战员易发生"三违"，甚至是有意"三违"、故意"三违"。

4）从众

从众是指个体在群体压力下，改变知觉、判断、信仰或行为，使之与群体中的大多数人一致的一种倾向，是群体对个人的影响。从众的压力实际上来源于个体的内心，是为了求得心理上的平衡，是自发的，外界没有强迫或命令。

在矿井发生事故时，矿山救护队指挥员只是指挥部众多成员中的一员，当井下事故情况模糊不清时，特别是有遇险遇难人员的紧急情况下，救护队指挥员往往不能保持独立、清醒的思维，不能严格按救护有关规定制定方案，而是容易从众，执行了指挥部制定的可能存在错误或违章的方案，导致矿山救护队"三违"行为的发生；矿山救护队在抢险救灾现场，如果多数人冒险，别的指战员自然会去观察别人，然后自己照着做，也会因从众而导致违章。

某矿发生透水事故，13 人失踪。在事故后期处理中，某救护队一个小队共 10 人监护，矿方人员近百人清理淤泥、修复巷道、搜索人员。正工作时，透水点再次透水，水量不大，但矿方有一人喊"透水了！"，于是，近百名的矿方人员立即向外跑去，造成人员拥堵，人流分两层，下层爬着向外，上层踩着下层人身体向外跑。因事发突然，救护队 10 人中，有 6 人跑了出去，另外 4 人，跑了几十米，停了下来，按照预先制定的方案，佩用好呼吸器，贴巷道帮站立，抱紧柱子，观察前方来水，看到水量不大，立即用堆放在巷帮的淤泥袋建起临时拦水墙，挡住来水。

5）服从

由于外界压力而使个体发生符合外界要求的行为，称为服从。命令者的权威性越大，越容易导致服从；与命令者的距离越近，越容易导致服从。

矿山救护队实行军事化管理，一切行动听指挥，下级服从上级。在救护队内部，易盲目服从而致违章；在救护队外部，因发生事故时参与指导的上级领导众多，在指挥部面对面交流，也易使救护队指挥员接受可能错误的指令，再违章指挥矿山救护队伍作业。

某矿一采煤工作面在交接班期间发生瓦斯爆炸，无遇险人员。分管救护队的煤业公司领导命令大队长安排救护队进入侦察，大队长解释说没有遇险人员，等回风流检测的气体浓度正常了，确认没火，可以侦察，如果气体中有 CO，说明爆炸后着火，需另采取措施灭火。煤业公司领导依旧强令侦察，否则不用这支队伍，他另请其他公司的救护队支援。大队长没办法，只好违心地带队侦察。

6）模仿

在没有外界控制的条件下，个体受到他人行为的刺激，自觉或不自觉地使自己的行为与他人相符。即模仿者复制了他人的状态，并把这种复制作为输入用于自己的心理机能之中。人们倾向于模仿周围同伴，倾向于模仿权威人士，个体在面临难以适应的情景时倾向于模仿他人。

矿山救护队在抢险救灾时，带队中（小）队长如果不严格要求自己，不能按章操作，在有险情的情况下，战斗员易模仿而致集体违章。

7）暗示

采用含蓄的方式，通过语言、行动等刺激手段影响他人的心理行为，使他人接受某一观念或按某一方式进行活动。暗示者的社会地位、权力、威望及人格魅力对暗示效果有明显影响，被暗示者如果独立性差、缺乏自信心、知识水平低，则暗示效果明显；被暗示者处于困难情境又缺乏社会支持时，往往易受暗示。

某矿一岩巷掘进工作面在掘进爆破时，引燃喷出来的瓦斯，造成火灾，采取多种直接灭火方案不成功，最后只好决定封闭灭火。在向井下运送封闭材料的过程中，该矿所属煤业公司的几位领导，一直催促加快进度，一直强调不及时封闭的危害，也要求煤业公司所属的救护队领导，材料一到，立即想尽一切办法快速建墙封堵。该救护队领导救援业务不精，接受公司领导强烈暗示后，下令救护队同时建造防爆墙与密闭墙。封闭火区时，防爆墙与密闭墙同时建造，属严重的“三违”行为。

社会影响对矿山救护指战员的“三违”行为的作用，往往是多种作用。在防爆墙与密闭墙同时建造这一“三违”行为中，救护队领导接受上级暗示，对下属下达了错误指令；救护队内部，有的指战员是直接服从，有的看不透情况，就模仿他人，而有的知道是违章，但看到其他人服从，自己就从众了。

二、消除“三违”行为的对策

1. 人格特质的差异化管理

在救护队组织管理层面上，要根据不同指战员的不同人格特质，安排不同的具体工作，使他们能更好地发挥各自的长处；在从事安全技术工作和事故处理中，要从保障安全的角度，依据不同人格特质进行具体分工；在配置中队、小队指挥员时，要科学统筹，注重中队、小队指挥员个人人格特质的互补或牵制；针对不同特质指战员，应用不同的管理方法，以有效防范“三违”行为的发生。就矿山救护指战员个人来说，每个人的人格特质是相对稳定的，没有选择的余地，但重要的是了解自己，要自觉地发扬自己特质中的积极方面，努力克服特质中的消极方面，主动遵章守纪，增强责任心，防止出现盲从、冒险，拒绝违章。

2. 加强对救援业务相关知识的学习和研究

学习、研究灾害处理技术及相关安全法律、法规，在突发事故时能临危不乱，不会受到社会抑制的困扰，更不会盲目从众、服从，能及时、主动地向救灾指挥部提出切实可行的科学方案，并制定出救护队自己的行动准则。随着知识与技术水平的提升，矿山救护指战员在井下处理事故时，会形成了自己的主见，能有效避免社会影响而致的“三违”行为。

3. 辩证地对待救护队内部命令

矿山救护队实行军事化管理，适时应用命令，以保证执行力。但是，救护队领导或指挥员在下达命令前，必须充分考虑所下指令的正确性，不能扩大范围，不能以命令形式强迫下属违章作业；下命令时要抓住要点，不能命令细节，给具体执行的指战员一定的自主权，以便于在事故险情面前随机应变。命令细节，往往导致违章指挥，引发下属违章作业。接收命令的指战员，必须复述命令词，并分析命令内容的可行性、安全性，确认无误方可执行，坚决杜绝盲目服从。

4. 拒绝违章指挥

拒绝矿山救护队上级领导的违章指挥，一是解释清晰，做到有理有据，分析服从指挥后的种种可能恶劣后果，抵制其违章指挥；二是强令进入灾区时，井下事故现场救护指战员可在不违章、确保安全的前提下进入 1~2 m，再行测量气体浓度，然后汇报，现场条件不满足不能进入，委婉拒绝违章；三是请求井下现场事故方、相关方领导与指挥部领导沟通，拒绝违章指挥。井下现场事故方、相关方领导与指挥部领导在处理事故求快方面具有相似性、相近性，因而更有说服力，有利于改变指挥部领导态度，放弃违章指挥；四是情况允许时，可邀请指挥部领导到事故现场指导，亲临其境，临时扮演了矿山救护指战员角色，促其改变态度。

5. 熟悉服务矿井

按规定，矿山救护队需定期对服务矿井进行预防性检查工作，在预防性检查时，要了解并熟悉矿井情况，包括矿井巷道及采掘工作面、采空区的分布及矿井通风、排水、压风、消防等系统的情况，以便于在发生事故时，能依据实际情况及时制定科学的救灾方案或判定救灾方案的科学性与可靠性，防止社会抑制及盲目从众导致出现“三违”。

6. 显化指战员身份

矿山救护指战员因着装统一，不易辨认，可佩戴胸牌，标注上姓名，将其身份显化，以强化个体责任，提升自我意识，避免出现社会懈怠现象。

7. 重视榜样的作用

大力表彰、奖励在反“三违”方面的先进模范指战员，树立榜样，并大力宣传其事迹，使之成为安全工作方面模仿、从众的示范，以带动广大指战员恪守规定，主动抵制“三违”。

8. 严厉惩罚“三违”行为

严厉惩罚“三违”行为是一种负强化机制，起到威慑作用。惩罚要真正起到威慑作用，一是惩罚是迅速的，二是惩罚是不可避免的。矿山救护指战员发生“三违”行为后，不要拖延，要立即追责，及时按规定给予相应的惩罚，并公开惩罚结果，不得放过一人一事，更不能大事化小、小事化了。

第十三节　领　导　行　为

“大海航行靠舵手”“火车跑得快，全靠车头带”，是说领导在团体与组织行为中有着极为重要的作用。好的领导是组织建设取得成功的重要保证。建立一支能打仗、打胜仗的矿山救援队伍，就需要研究矿山救护队领导艺术、领导行为、领导方式和领导结构，借鉴有关领导理论，提升领导水平，提升领导者的影响力，增强领导绩效。

一、领导的概念

关于领导概念，不同学者从不同角度和侧面有着不同定义。

（1）领导是一项程序与过程。斯托格狄尔（R. M. Stodill）在《领导、成员和组织》一书中认为：“领导是对一个组织起来的团体为确立目标和实现目标所进行的活动施加影响的过程。”

（2）领导是一门艺术。孔兹（H. Koontz）等人在《管理学》一书中认为：“领导是一门促使其部署充满信心，满怀热情来完成他们任务的艺术。”

（3）领导是一种影响力与能力。坦南鲍姆（R. Tannenbaum）等人在《领导：职责与范围》一文中认为：“领导就是在某种情况下，经过意见交流过程所实现出来的一种为了达成某种目标的影响力。”

（4）领导是一种行为。泰瑞（G. B. Terry）认为：“领导是影响人们自动地达成群体目标而努力的一种行为。”

（5）领导是上级赋予某个人的权力。杜平（R. Dupin）认为：“领导即行使权威与决定。”弗兰奇和雷文（J. French & P. Raven）在《社会权力的基础》一文中将领导的影响解释为权力——“一个人所具有并施加于别人的控制力。”

概括以上定义，领导的本质是人与人之间的一种互动过程，是指引和影响个人、团体或组织在一定条件下实现所期望目标的行为过程。其中，实施指引和影响的人称为领导者，把接受指引和影响的人称为被领导者，一定的条件是指所处的环境因素。

二、有关领导理论

（一）特质理论

1. 交易型和改变型领导

交易型领导依据的是一个人在组织中与地位相关的权威和合法性，它强调任务的明晰度、工作的标准和产出。交易型领导往往关注任务的完成以及员工的顺从，这些领导更多依靠组织的奖励和惩罚等手段来影响员工的绩效。而与此相反，改变型领导则是通过更高的理想和组织价值观来激励他的追随者们。改变型领导能够为组织制定明确的愿景，他们更多地通过自己的领导风格来影响员工的动机和团队的绩效。

2. 魅力领导

魅力领导能依靠自身的影响力改变下属的行为。魅力领导具有如下几个特征：

（1）魅力。魅力是指那些被下属信任、看作楷模加以认同并模仿的特征。

（2）激发动机。领导利用各种手段激发下级的热情和对预期目标的理解。

（3）智力激发。领导鼓励下属重新检查自己的信念和价值观，并构想发展自身的创造性方法。

（4）个人化的考虑。领导者要能引起他人的注意，用不同的方式公平地对待下级，经常给下属提供一些学习提高的机会。

我国的领导素质标准包括德、能、勤、绩、廉等方面。企业领导人的主要素质包括组织能力和决策能力、责任心和进取心、求知欲和创造精神、知人开发与合作精神、专业知识和知识广度、锐意观察力和全局思考力、大公无私和品德端正、应变分析与解决问题的能力、处理与和谐人际关系的能力、适应和协调平衡能力。

（二）行为理论

1. 领导行为方式

密执安大学将领导行为方式分两类：一为员工导向；二为生产导向。

（1）生产导向的领导行为强调生产与技术管理，把员工看成组织目标的工具。领导者积极地介入员工的活动；为工作做出计划、交流适当情报和规定工作日程。这样易产生专制的领导行为方式。

（2）员工导向（关系导向）的领导行为则认为每个员工都重要，领导者重视员工的个性与个人的需要；鼓励良好的上下级关系和意见、信息的相互交流；他们已建立一种相互信任、尊重下级意见，体贴下级情绪的民主领导的工作气氛。

一般情况下，员工导向的领导行为会带来工作上的高效率，在非生产部门，员工导向优于生产导向，而在生产部门，生产导向优于员工导向。生产导向在员工旷工、事故、抱怨、离职等方面高于员工导向。

2. 领导行为四分图模型

以关心人的两个维度与关心工作组织的两个维度组合进行划分为 4 种行为类型，即低关心人低关心组织、高关心组织低关心人、高关心人高关心组织和高关心人低关心组织。

3. 管理方格

以员工为中心的领导和以工作为中心的领导两个维度，每个维度按程度分为9个等级，绘出管理方格图形。

有效的领导方式并非取决于领导者是关系导向还是工作导向，而是决定于领导方式能否与情况作最佳的配合，在不同情境中，采取不同领导方式，才能取得效能。

（三）作风理论

根据领导者的作风及其使用权力的方式不同，勒温（K. Lewin）等人提出了专制型、民主型、放任型3种领导类型。

领导者凡是关心员工的，生产效率就高；经常施加压力的，生产效率则低。领导者与下级和员工接触多的，生产效率就高，反之生产效率则低。领导人注意向下级授权，听取下级意见并让他们参与决策的，生产效率就高；相反，采取独裁领导方式的，生产效率则低。单纯依靠奖惩来调动员工积极性的管理方式将被淘汰，只有依靠民主管理，从内部来调动员工的积极性，才能充分发挥人力资源的作用。而独裁管理方式不仅永远不能达到民主管理所能达到的生产水平，也不能使员工对工作产生满足感。

（四）情势理论（权变理论）

领导行为效率，除与领导者自身的人格特性和行为方式有关外，还与被领导者的特点、环境因素有关，领导行为效率是领导者、被领导者和环境因素的函数。

权变理论就是研究被领导者的特征、环境因素及领导者与被领导者的关系影响领导行为效率的理论。

1. 领导生命周期理论

在生命周期理论中，成熟度指被领导者的年龄、成就感、工作经验、技术水平与能力、受教育程度、自我控制能力等，其中心理成熟尤为重要。被领导者的成熟度水平不同，领导方式也应有所不同，否则将会影响领导效果。当员工或下属从不成熟到成熟发展，有效的领导行为应按下列顺序逐渐变化。

（1）员工无能力、不愿意工作时，命令式领导，是高工作、低关系。

（2）员工无能力、愿意工作时，说服式领导，是高工作、高关系。

（3）员工有能力、但不愿意工作时，参与式领导，是高关系、低工作。

（4）员工有能力、愿意工作时，授权式领导，是低工作、低关系。

2. 费德勒模型

费德勒模型也叫费德勒的权变模型，是指有效的群体绩效取决于两个方面的恰当匹配：一是与下属发生相互作用的领导者风格；二是领导者能够控制和影响情境的程度。领导者风格分为关心人的支持型领导、任务型（或指令型）领导及中间型领导。影响领导行为效果的情境因素包括领导者与被领导者的关系、工作任务结构是否明确及领导者权力强弱。一是领导风格必须适合领导情境，二是通过改造环境以符合领导者的风格。领导与下属之间的关系可以通过改组下属组成加以改善，使下属的经历、文化水平和技术专长更为合适；任务结构可通过详细布置工作内容而使其更加定型化，也可以对工作只作一般性指示而使其非程序化；领导职位权力可以通过变更职位、充分授权或明确宣布职权而增加其权威性。

3. 目标导向理论

目标导向理论是激励理论的一种，要求领导者排除走向目标的障碍，使其顺利达到目标，在此过程中，给予职工满足多种多样需要的机会。高工作和高关系组合的领导方式，并不一定是最有效的领导方式，应该注意环境因素。如果工作任务模糊不清，职工无所适从的时候，他们希望有高工作的领导，帮助他们把工作做出更加明确的规定和安排。如果工作任务比较明确或从事常规性工作，只需要高关系的领导，以满足职工的心理需要，特别是情感需要。在这种情况下，领导者如果仍然不断地发布指示，说长道短，安排工作，不仅浪费时间，而且会引起职工的厌烦，甚至挫伤职工的自尊心。

目标导向理念将领导方式分为4类，以在不同情况下选用。不同情况包括部属的特点，是内控性人格还是外控性人格，经验多少与有无，能力强弱等；组织内部权力关系明确与否；任务性质是常规的，还是含糊不清、不重复的。

（1）指令性方式。领导发布指示、指令，明确告诉下属做什么，决策时没有下级参与。

（2）支持性方式。领导者对下级友善关心，平等待人，从各方面予以支持。

（3）参与性方式。领导决策时，征求并采纳下级的建议。

（4）成就目标式。领导给下级提出挑战性的目标，并相信他们能达到目标，强化成就激励。

三、提升救护队领导绩效的对策

我国矿山救护队在发展、壮大的过程中，领导体制已形成了一套固定模式，是基层党组织领导下的队长负责制及内部层次制与机能制有机结合的机制。在救护实践中，这种机制被证明是科学的，对提高队伍战斗力和实现有效救援也是非常有效的。在矿山救护队现有的队长负责制基础上，构建合理的领导结构、采取适合的领导模式、提高领导者的非权力影响力、消除领导者不良心状态，以提升领导绩效。

（一）构建合理的领导结构

领导结构是指一个领导班子在年龄、知识、专业、智能、素质等方面的布局和搭配情况，是一个多序列、多层次、多要素的动态结合体。最佳的领导班子结构应该是梯形的年龄结构、综合的专业结构、多类型的智能结构、多维的素质结构等。合理的领导班子结构，可以通过成员间的有效组合，提高领导班子工作效率，最大限度地发挥领导班子成员的个体能力，产生领导的群体效能，使领导班子整体效能大于个体效能之和。

1. 梯形的年龄结构

年龄结构是指一个领导班子或领导系统内领导者的平均年龄及年龄比例构成。①应实行老、中、青相结合的年龄结构，老年人阅历丰富，经历事故场面多，处理事故的经验丰富，从事指导、参谋工作；中年人精力充沛，从事开拓性工作；青年人朝气蓬勃，思想敏锐，从事攻坚性工作，如创新事故处理技术、装备；②领导班子年轻化，不能搞一刀切，不能搞形而上学、机械主义，应把年龄和身体、心理等其他条件结合起来，建立梯形的年龄结构。

2. 综合的专业结构

救护队领导班子合理结构应该是由矿山救援方面高级专业人才（专家）和懂矿山救援专业、有知识、有实践经验的思想政治工作人才及后勤管理人才等构成的综合的专业结构。

3. 多类型的智能结构

智能结构是领导班子中具有不同智能优势的人员的比例构成状况。智能是知识、技能和能力诸因素的综合体，反映人的认识和实践能力。一个好的领导班子，应该有足智多谋、有决策能力、远见卓识的政治工作人才，有组织能力、社会智慧能力高的组织者，有具体智慧能力强的实干家等共同构成的一个有机的智能结构。

4. 多维的素质结构

素质结构即领导班子的心理品质结构。在救护队领导班子中，既需要探索、创新、开拓、外向型人才，也需要实干、稳定型人才或中间型人才；既需要急性子，说干就干、有雷厉风行作风的人才，也需要考虑周到、办事仔细，有耐性的人才，有机地组合成多维的素质结构，而不是故意“掺沙子”形成“对立面”。

（二）采取适合的领导模式

借鉴领导理论，针对矿山救护队职业特点和实际情况，在不同情境中采取不同领导作风、行为模式。矿山救护队虽然实行军事化管理，强调一切行动听指挥，下级服从上级，但不能以命令代替管理，不能以命令代替领导。

（1）对新入职的矿山救护队员，需要采取指令方式领导，明确告诉他们做什么，促进他们摒弃入职以前的角色观念，如矿工角度、退役军人角色、学生角色，及时调整自己心态和学习新的技能、新的理念，实现角色转换，以适应救护队员这一新的角色的要求，成为一合格的矿山救护队员。

（2）在进行常规项目的学习、训练中，采取支持性方式，对队员友善关心，从各方面予以支持，可使队员产生高绩效，获得高满意感。

（3）在从事安全技术工作及事故处理过程中，多以命令形式，确保安全与方案的严格执行。

（4）在进行科研创新、参加比武集训时，采用成就目标式领导，给指战员提出挑战性目标，并相信他们能达到目标，强化成就激励。

（5）在煤炭形势低谷期间，由于指战员收入下降，队伍不稳定，人心涣散，多采取参与性方式，征求广大指战员建议，团结一致，共渡难关。

（6）矿山救护队领导班子中，要分工明确，权责清晰，协调一致，相互补位。党组织书记负责队内党务工作、思想政治教育工作，对队内行政业务进行监督，但不能以党代政。队长对救护队行政业务工作全面负责，副队长、总工是队长助手，在队长领导下负责一个方面的工作。

① 党组织书记在决定重大事项时，采取民主集中制，日常工作中以支持性方式为主，高关心指战员。

② 队长对副队长、总工的领导，采取集权制与分权制相结合的方式，对能

力差的副职，要及时补位，多行指令性方式，高工作、高关系；对有能力的副职，授权式领导，低工作、低关系。

③ 总工对工程技术人员多用成就目标式领导，以鼓励创新救援技术。

（三）提高领导者的非权力影响力

非权力影响力，也称自然影响力，是领导者自身的素质和行为造成的，而与领导者的权力没有必然联系的影响力。非权力影响力有如下特点：①是自然性的，而非权力性的；②不是单纯外部动力，而是员工在心悦诚服的心理基础上，自觉地、自愿地接受影响的过程，③领导者与被领导者关系和谐、心理相容；④与权力性影响力相比较，非权力影响力有更强的、更持久的影响力量。自然影响力的基本要素包括品格、才能、知识、感情等。

1. 提升品格

领导者的品格主要包括道德、品行、性格、作风等。品格主要表现在领导者的心理活动与言行之中。“身教重于言教”“榜样的力量是无穷的”，救护队领导要加强自我修养，做到以身作则，事故处理时要靠前指挥，要言行一致，正直公道，关心他人，敢于担当，遇事不推诿，不做传话筒似领导，不玩弄权术。

2. 增进才能

救护队领导的才能主要指组织管理才能、救援专业技术才能和决策能力，也包括一个人的业余专长与才能。这些才能均会增强指战员对领导者的敬佩感，从而产生较强的心理磁力，提高影响力。不要以为是领导了，水平就自然上去了，必须不断地学习，学习研究救援装备、救援技术及组织管理新理论。只有品格与才能因素结合，领导者德才兼备，才能产生更强烈的影响力。

3. 学习知识

知识就是一种力量，具有丰富科学知识的领导者在指导工作、宣传群众、沟通关系时，容易取得员工的信任，让大家产生一种信赖感，影响力必然会增强。知识与才能结合，能使领导者产生更强大的影响力。

4. 增强感情

感情是人对客观对象好恶亲疏倾向的内心体验，是情绪与情感的一种总提法。救护队领导与指战员之间感情亲密，关系融洽，心理距离小，则相互之间吸引力就大，彼此之间的影响力、感染力就强。

领导者待人态度和蔼可亲，能体贴关怀下级，做下级的知心朋友，真正做到热心、知心、关心、交心、信心、细心、耐心，则指战员对该领导会产生亲切感，容易接受其帮助，听信其劝告，服从其领导与指挥管理。这样，领导者的影响力会大大增强。相反，领导者态度生硬，感情冷漠，与指战员在心理上产生排斥与对抗，有较大的距离，指战员敬而远之，其影响力就会急剧下降，甚至降到负值。

（四）消除领导者不良心状态

在领导活动中，领导者所表现出来的不良心理状态，如权力欲过强、嫉妒、焦虑、虚荣、自卑等，对其自身的心理健康以及领导工作有许多消极影响。因此，加强矿山救护队领导者心理素质锻炼，使其心理状态与客观环境达到平衡，具有十分重要的意义。

1. 权力欲过强

由于个人素质和思想认识水平的差异，受传统观念和长期封建专制及家长制的不良影响，片面理解矿山救护队的军事化管理，放大命令使用的范围与区域，使得一些矿山救护队领导者对权力的认识发生了偏移，形成了过强的权力欲。如有的领导者热衷于追逐权力，过分揽权，从而否定了民主和监督；有的领导者善于谋求特权，总是喜欢支配别人、控制别人，甚至要求别人无条件地服从等。领导者权力欲望过强，负面影响甚大，主要表现在以下几个方面：

（1）恶化领导关系。在领导关系中，如果某些领导者热衷于权力，不择手段地追逐权力，要么越权决策下级职权范围内的问题，要么越权决策同级职权范围内的问题，要么越权决策上级职权范围内的问题，这些“侵权”行为必然导致权力冲突，恶化领导关系。

（2）阻碍沟通交流。随着领导者权力欲望的不断升级，必然加大上下级之间的社会距离和心理距离，造成交流、交往困难，上情不能下传，下情不能上达，甚至出现欺上瞒下的现象。

（3）挫伤下属积极性。权力欲望过高的领导者，由于把主要精力集中在追逐权力上，极易忽视下属的个人愿望和志趣。

（4）产生官僚主义和独裁者。权力欲望过甚，极易独断专行，一个人说了算，这样必然导致下属的不满甚至反抗，增加救护队的不稳定因素。

克服权力欲过强的方法：①应进行自我调整，要正确认识自己，别太看高了自己。②要了解领导者的成才方式。领导人才在成长道路上，尽管内在素质起着决定性作用，但是却无法选择成才目标，无法掌握成才轨迹和速度，往往呈现出有别于其他各类人才的“他导型”成才方式。其他各类人才，即使遇到了某些外在因素的干扰，只要他主观努力不放松，凭着对专业的执着追求，照样可以成长为社会公认的杰出人才。这种主动选择成才目标，主动掌握成才轨迹和速度的成才方式，为“主导型”成才方式。因此，领导者必须正确行使权力，自觉控制权力欲，否则，权力欲过强，往往影响其自身成长。③发扬组织民主，建立组织民主与集中相协调的结构关系，健全组织制度，强化监督机制，将领导者权力关在“笼子里”。

2. 嫉妒

嫉妒是与他人比较，发现自己在才能、名誉、地位或境遇等方面不如别人而产生的一种由羞愧、愤怒、怨恨等组成的复杂的情绪状态。内心感受上，嫉妒前期表现为由攀比到失望的压力感；中期则表现为由羞愧到屈辱的心理挫折感；后期则表现由不服不满到怨恨憎恨的发泄行为。矿山救护队领导者的嫉妒大多来自于与上级、同级或下级同事，在地位、名誉、权力和业绩方面的对比。嫉妒的行为特征主要表现：喜欢自我表现，什么都想比别人抢先；凡事以我为中心，从自身利益出发，对他人缺乏理解与认同；富于攻击性，揽功推过，工作上失误了，是上级安排错了，同级不配合，下级不认真，对于成绩，想方设法归于自己，抢夺他人功劳、成果；缺乏自信又惴惴不安，对竞争者虎视眈眈；貌似和蔼亲切，其实冷酷无情；在用人上，如“武大郎开店”，不敢重用、培养有发展潜力的年轻人。从积极的方面讲，嫉妒也可以成为竞争的动力和源泉，但是嫉妒往往使领导者变得偏激，带来一定程度的心理紧张和攻击性行为，甚至做出违反道德准则和法律法规的事情。

克服嫉妒心理的方法：①抛弃个人主义的思想，只要跳出以自我为中心的狭小天地，嫉妒就会失去存在的基础。②正确看待事物发展规律，没有人与人之间的竞争社会就会停滞，有竞争，就会有人超前，有人落后。③要有达观、平和的心态，客观公正地评价客观环境，审视事态的发展，对于自身的能力和他人的能力，要有一个比较客观的分析和判断，“尺有所短，寸有所长”，充分发挥自身优势，靠自己的努力去超越对手。

3. 焦虑

焦虑是指个人对即将来临的、可能会造成的危险或威胁所产生的紧张、不安、忧虑、烦恼等不愉快的复杂情绪状态。对于救护队来说，在事故处理期间或参加比武期间，常常有焦虑产生。青年领导者可能会由于工作压力过重，人际关系复杂，需要不能及时满足，以及担心不慎会失去领导职位等原因产生焦虑；中年领导者可能会因为长期不能打开工作局面，工作进展不大，生活压力比较重等原因产生焦虑；老年领导者则可能会由于即将离开自己工作多年的岗位，留恋原有的工作而焦虑。焦虑的强度与现实的威胁的程度相一致，并随现实威胁的消失而消失。焦虑也有积极作用，它有利于指战员个体动员身体的潜能和资源来应对现实的威胁，逐渐达到应对挑战所需要的控制感及有效的解决问题的措施，直到这种现实的威胁得到控制或消除。但是过度的焦虑，则往往伴随着烦躁不安、情绪波动，使其不能够冷静地思考和处理问题，丧失积极的进取精神，同时还会损伤领导者的自信心，使得领导者对工作和生活缺乏热情。

应对焦虑的方法：①改变价值观念，创造良好的人际关系。受到威胁或危险刺激是产生焦虑的基本原因，而受威胁或危险的感觉与个体的价值观是密切相关的，所以改变一个人的价值观念是克服焦虑的基本策略。②克服焦虑就应该用非焦虑的心态来驱赶，要有积极的自我暗示。非焦虑心态包括勇气、放松、宽容、爱等。③认清威胁来源的真正内容，对当前的情境进行具体分析。对目前的工作情境越清楚明确，个体体验到的焦虑就越少。因此，可经常给自己开个清单，把每个可能引起焦虑的潜在因素全部记录下来，然后对照它逐个进行审查、分析。这样不但可以预防焦虑的产生，而且也可以阻止焦虑的扩散。④转移注意力，锻炼身体，适当的参加文体活动，提高自己的抵抗力，多和人沟通，多和人交流，避免个人独处。⑤调整个人目标，调节工作量。适当的放松，减轻不必要的过多负担，修改奋斗的目标，留出回旋的余地，都是较好的调节方式。⑥学会宣泄。不顺心、不如意时，可以通过运动、娱乐、找朋友倾诉等方式来宣泄不愉快情绪，切忌压抑负面情绪。

4. 虚荣

虚荣是指表面上的光彩，虚荣心是自尊心的过分表现，是追求表面光彩的心理。虚荣心是对荣誉和引起普遍注意的一种过分追求。虚荣心重的人，常常将名利作为支配自己行动的内在动力，追求一种暂时的、表面的、虚假的效果，甚至弄虚作假，欺诈骗取，完全失去了从行为的社会价值来评价自己行为的能力，其行为目的仅仅在于取得荣誉和引起普遍注意，得到周围人的赞赏和羡慕。虚荣的人特别在乎他人对自己的评价，一旦他人有一点否定自己的意思，自己便认为自己失去了所谓的自尊而受不了。矿山救护队领导者的虚荣主要表现：对自己的能力、水平过高估计；处处炫耀自己的特长和成绩，喜欢听表扬，对批评恨之人骨；干工作讲门面、讲排场、不务实，好形式主义；不懂装懂，夸夸其谈，打肿脸充胖子，喜欢班门弄斧；处处争强好胜，觉得处处比人强，自命不凡；对工作中的失误归咎于他人，从不找自身的原因；有了缺点，也寻找各种借口极力掩饰；对上级竭尽拍马奉承；对别人的才能妒火中烧，说长道短，搬弄是非等。虚荣心强的人，在思想上会不自觉地渗入自私、虚伪、欺诈等因素，矿山救护队领导者的虚荣心不仅会使领导者个人陷入荣誉的漩涡不能自拔，迷失自己应该追求的正确目标，而且会给工作造成一定的损失，特别是在抢险救灾过程中，受虚荣心驱使，易违章指挥造成指战员自身伤亡事故。

虚荣心的调整方法：①端正价值观与人生观，正确理解权力、地位、荣誉的内涵和人格自尊的意义。②学会知足常乐，多思所得，实现自我心理平衡。③本着清醒的头脑，面对现实，实事求是，从自己的实际出发去处理问题，摆脱从众心理的负面效应。

5. 自卑

自卑是指一种自我否定，主要是低估自己的能力，在和别人比较时，觉得自己各方面不如人，由于低估自己而产生的情绪体验。自卑的产生，往往是在受到挫折之后，自尊心长期受到压抑的结果。自卑主要的表现为对自己的能力、品质评价过低，还会有一些特殊的情绪体现，如害羞、不安、内疚、忧郁、失望等。矿山救护队领导者的自卑感通常表现为：对自己的智力和能力估计不足，遇事不敢决断；不敢触及矛盾的焦点，不敢独当一面，生怕被别人讥笑。

克服自卑方法：①全面、辩证地看待自身情况和外部评价，要认识到人不是神，既不可能十全十美，也不会全知全能。②从小事、易事做起，通过不断取得成功，逐步树立自信心。③通过努力奋斗，获取某一方面的突出成就来补偿自卑感。强烈的自卑感，往往会促使人们在某些方面有超常的发展，从而获得信心，即代偿作用，通过补偿的方式扬长避短，把自卑感转化为自强不息的推动力量。

第十四节 压力及其应对

救护队实行军事化管理，纪律严明，日常学习训练任务重，考核评比多，在事故处理中人身安全受到威胁，经常面对事故的惨烈场面，这些都会对矿山救护指战员心理产生巨大压力。所以要采取科学、适当的压力应对策略，以保障身心健康。

一、压力的概念

压力是压力源和压力反应共同构成的一种认知和行为体验过程。压力源是指迫使个体偏离正常心理或生理功能的工作相关因素。压力反应指个体觉察到压力源后，出现的心理、生理和行为反应。压力作为一个过程会对个体形成不同的结果，会不同程度地增强或降低个体的健康水平。个体体验到的压力，实际上是另一种心路历程，那就是人的内心冲突。心理压力，是人的内心冲突和与其相伴随的强烈情绪体验。

二、导致压力的因素分析

导致矿山救护指战员压力的因素主要有环境因素、组织因素和个人因素。

1. 环境因素

环境因素是指环境的不确定性，包括经济、政策和技术的不确定性。环境因素会影响救护队人员心理压力水平。如整体煤炭形势不好，矿山救护队指战员收入下调，工资拖欠，一是造成指战员养家糊口困难，房贷、车贷不能按时上缴，个人生活压力大；二是离职人多，造成在职指战员工作量增加。

2. 组织因素

组织因素是指来源于组织层面的工作压力因素，它包括与工作本身有关的因素、企业变化以及组织文化。

（1）工作本身有关的因素。主要有矿山救护指战员工作量大，一天24 h值班，每天进行高强度的体力训练；在事故处理时加班加点，得不到休整；随着救援技术、装备的更新与发展，指战员跟不上步伐，感觉学习吃力。

（2）企业变化。矿山救护队在驻矿值守队伍换防时，或中队内部人员调整时，指战员岗位变换时，都会给指战员造成压力。

（3）组织文化。矿山救护队内部，如果沟通机制不健全，上传下达不顺畅，上级不理解和支持下属，不分工作性质、不论工作分工一味行使命令，没有公平公正的氛围，在用人、评先上存在弊端，从而引发指战员心理压力。

3. 个人因素

导致压力的个人因素主要包括角色压力源、工作家庭冲突、人际关系冲突、工作自主性缺乏以及情绪劳动等。

（1）角色压力源。在矿山救护队里，角色压力主要有：①多头指挥，多头指挥造成指战员，特别是队员，无所适从，难以抉择；②面对抢险救灾责任的重大挑战，个人能力有限。

（2）工作家庭冲突。工作家庭冲突是指工作干扰到家庭，家庭干扰到工作。工作家庭冲突是双向的。矿山救护队实行 24 h 值班制，在此期间，指战员不能离队，因而照顾不了家庭，家庭也会产生怨言，反过来影响救护指战员工作。

（3）人际关系冲突。人际关系冲突是指指战员之间由于竞争、误解、不公平和人格差异而引发的人际冲突。

（4）工作自主性缺乏。工作自主性缺乏是指个体在安排工作并确定用何种程序执行工作时的自由、独立和决断的程度低。矿山救护队实行军事化管理，一切行动听指挥，工作自主性缺乏尤其突出。

（5）情绪劳动。情绪劳动是指要求员工在工作时展现某种特定情绪以达到其所在职位工作目标的劳动形式。情绪劳动者随时担心做错事情，引起服务对象不满，这种担心会带来巨大的压力。如矿山救护队指战员在抢救遇险人员时，是典型的情绪劳动，在施救的全过程，都需要对遇险人员实施不间断的心理援助，使伤员得到安慰，拥有一个积极的心态，以增强其机体的免疫力、抵抗力，保证伤员安全救出、安全送达医院。

三、压力反应

压力反应是指个体对于压力的消极反应，包括心理反应、生理反应和行为反应。

（一）生理反应

在压力情境下，躯体反应主要由自主神经系统控制。当处于放松状态时，副交感神经系统比较活跃；当镇静下来后，心率和血压也会降下来；当消化系统比较活跃时，身体会保存能量。当处于压力情境时，交感神经系统会比较活跃，这时就会心率上升、血压增加，身体的机警性提高、心率增加、血压升高和带来诸如葡萄糖、游离脂肪酸等能源的迅速动用等。在频繁重复的上述情况时，就会导致一些疾病，如心脏病、糖尿病、癌症和自身免疫性疾病等。工作压力的生理反应包括一些急性的反应指标，如暂时性疲乏、心率上升、呼吸短促、疼痛加剧（尤其是头疼）以及肌肉紧张等，也包括一些慢性健康疾病，如高血压、心血管疾病及免疫力减低出现的症状，如疲乏、失眠等。

（二）心理反应

压力的心理反应包括工作满意度的下降和抑郁症状的增加。工作压力源（如角色压力源、组织限制、人际冲突、工作量超载、工作自主性缺乏和工作家庭冲突）与沮丧的增加、焦虑、伤心、愤怒、工作满意度下降、离职意愿及其他消极情绪有显著的相关。

1. 情绪反应

（1）焦虑。焦虑是指个人对即将来临的、可能会造成的危险或威胁所产生的紧张、不安、忧虑、烦恼等不愉快的复杂情绪状态。焦虑分为状态焦虑和特质焦虑，状态焦虑是一种持续短暂、强度多变、伴有紧张和害怕的心理状态；特质焦虑是一种人格特质，具有特质焦虑的人容易把本来没有危险的事件看成危险，总是怨天尤人、恐惧不安，容易陷入压力状态。

（2）恐惧。恐惧是指人们在面临某种危险情境，企图摆脱而又无能为力时所产生的一种担惊受怕的强烈压抑情绪体验。

（3）愤怒。愤怒，指当愿望不能实现或为达到目的的行动受到挫折时引起的一种紧张而不愉快的情绪，或对社会现象以及他人遭遇甚至与自己无关事项的极度反感。

（4）抑郁。抑郁包括一组消极低沉的情绪，如悲观、悲哀、失望、绝望和失助等，表现为发愁、苦闷，对周围事物冷漠，兴趣索然，郁郁寡欢、对生活失去兴趣，自信心下降，自我评估明显不足，严重时产生悲观、沮丧、绝望甚至有生不如死的感觉，产生自杀倾向。

（5）悲伤。悲伤是由分离、丧失和失败引起的情绪反应，包含沮丧、失望、气馁、意志消沉、孤独和孤立等情绪体验。丧失是指是失去所重视或追求的东西，丧失也会影响健康。

2. 认知反应

压力情境下，注意力集中、清晰思维及正确回忆等认知功能会降低。认知能力下降又会促使个体产生动机冲突，并使挫折增多，激发不良情绪。压力会使自我评价（认知）降低或丧失，最常见的是对负性事件的潜在后果详加描述和过分强调以及对自己能力的否定，而这样的认知会影响正常水平的发挥。

（三）行为反应

1. 针对自身的行为反应

针对自身的行为反应包括远离压力源，或改变自身条件、自己的行为方式或生活习惯等，逃避是最常见的表现。

2. 针对压力源的行为反应

观察不良负面压力源的行为反应，常可以从言行、目光中看出变化，如苦恼的面部表情、变调的声音、颤抖、痉挛、激动不安的行为举止等。躯体的协调性、行为技能等都可以因为压力而发生变化，例如在压力情境下佩用呼吸器不如平时训练时顺畅。

四、压力应对

压力应对是指通过努力来预防、消除或减弱压力或用最小的痛苦来忍耐压力产生的影响。

1. 直面压力

直面压力，是指寻求压力的直接消除，也就是使问题得到解决。如矿山救护队员某一项体能不达标，被扣分或训斥，那就专门针对此项目加强锻炼，使之合格，压力自然解除；与同事人际关系紧张，就收敛自己，多忍让，吃亏是福，自然就和谐了。

2. 重新评价情境

重新评价情境，又称认知性再评价，是通过改变知觉来降低压力。这种应对方法就是重新检查最初对压力的知觉，对情境进行再次评价，重新审定情境与自己是无关的、良性的还是有压力的，然后集中思考压力因素中的积极方面，从而分散对消极方面的注意；发掘压力因素的积极方面，从而产生积极评价，积极评价产生积极的情绪状态。因分散对消极方面的注意，从而增加个体对压力因素的控制感。如指战员训练受伤，影响考核，影响工作，但换一角度重新审视，在养伤期间正好可以静心学习业务理论，或总结一下体能训练过程中的自主保安措施，原本的压力自然减轻或消除。

3. 寻求社会支持

社会支持是指他人，包括亲属、朋友、同事、伙伴等个人，以及家庭、单位、党团、工会等团体组织能够提供精神上和物质上应对压力的帮助。其作用有：①给予信息及指导；②给予关怀、影响与教育；③给予鼓励与保证。指战员有处于压力之下时，有时压力损害其认知能力，即当局者迷，而作为旁观者的社会支持者，可以帮其进行分析，清顺思路。有指战员遇到大的变故时，如家人生病、亡故，工会可给予救助，帮其渡过临时性难关。

4. 加强锻炼，增强体质

体育锻炼是一种减轻压力的有效方法。运动之所以成为减轻压力的有效方法，是因为压力引起的唤起是不随意的，而运动引起的唤起是随意的。运动唤起的随意性质提供掌握与自我控制的感觉。经常锻炼的人可以主动地调节何时用力、何时放松来控制运动唤起水平，这是压力引起的唤起所缺乏的。有规则的强烈运动常伴有随后的松弛状态。这种“反跳式”松弛可以持续数小时，在此期间可以阻断任何压力引起的唤起。同时，拥有良好的体质会促进自我效能感，从而能够感到更有能力应对压力。

5. 采取积极的心理防卫机制

心理防卫机制也称自我防卫机制，是自我受到超我、本我和外部世界的压力时，自我发展出的一种机能，即用一定方式调解、缓和冲突对自身的威胁，使现实允许，超我接受，本我满足。矿山救护指战员在感觉到压力时，可采取积极的、对身心健康有利的心理防卫机制，包括升华、补偿、幽默和转移。

（1）升华。升华是一种积极的富有建设性的心理防卫机制，是指将压力引起的不良情绪，如愤怒，导向比较崇高的方向，通过合乎社会伦理道德的方式表现出来，具有创造性、建设性，有利于社会与本人。如矿山救护指战员在职务晋升上受到不公平待遇，转而努力研究业务，在技术领域取得较高成就。

（2）补偿。补偿是指个人因身心某个方面有缺陷不能达到某种目标时，有意识地采取其他能够获取成功的活动来代偿某种能力缺陷而造成的自卑感，即“东方不亮西方亮”。如某队员体力不好，体能不合格，但业务知识考核成绩突出，从而获得了信心。

（3）幽默。幽默也就是自嘲，幽默很容易缩短与同事之间的距离，而且能够帮助自己有效地寻求社会支持。

（4）转移。转移或移置是指在一种情境下将危险的情感或行动转移到另一个较为安全的情境下释放出来。通常是把对强者的情绪、欲望转移到其他身上。如对上级的愤怒和不满情绪，转移到去打沙袋，或打一场篮球，或去拉一通检力器，出一身臭汗。

6. 进行放松训练

放松训练的理论基础是改变人的生理反应，主观体验也会随着改变。也就是说，经由人的意识把随意肌肉控制下来，再间接地使主观体验松弛下来，建立轻松的心情状态。放松训练就是通过训练，使受训者能随意地把自己的全身肌肉放松，从而间接缓解不受主观控制的自主神经反应，最终达到有效控制紧张、焦虑的主观感受的目的。

放松训练方法较多，简便易行的方法主要有：

（1）呼吸放松法。当情绪紧张、激动时，呼吸短促时，可以采用缓慢地呼气和吸气练习，则可达到放松情绪的目的。具体方法是用鼻深吸一口气，感觉腹部鼓动起来了，保持几秒钟，再由口缓慢呼出。

（2）肌肉放松法。自然站立，或坐在椅子上，半闭着眼睛，全神贯注身体的各部分肌肉，并且依次指挥自己紧张的肌肉松弛下来，以便达到全身肌肉松弛的状态。这样能训练一个人系统地检查自己头部、颈部、肩部、背部、腰部、四肢的肌肉紧张情形，以及把紧张的肌肉放松下来。

（3）想象放松法。指导受训者找出一个曾经经历过的、给自己带来最愉悦的感觉、有着美好回忆的场景，可以是海边、草原、高山等，用自己多个感觉通道（视、听、触、嗅及运动觉）去感觉、回忆。

7. 提升心理资本

心理资本是个体在成长和发展过程中表现出来的一种积极心理状态，是对压力具有调节作用的个体因素的整合，具体表现为自我效能、乐观、希望和抗逆力等。自我效能是指个人认为自己有能力执行特定行为以达成期望目标的信念；乐观是对现在与未来的成功有积极的归因；希望是对目标锲而不舍，为取得成功在必要时能调整实现目标的途径；抗逆力又称心理弹性、韧性，是指个体面对生活逆境、创伤、悲剧、威胁或其他生活重大压力时的良好适应，它意味着面对生活压力的反弹能力。在组织层面上，心理资本与人力资本和社会资本交互作用，可以提高组织绩效和竞争优势；在个人层面上，心理资本可以促进个人成长，增强心理弹性，缓解消极情绪。所以，从自我效能、乐观、希望和抗逆力这 4 个维度入手，提升矿山救护指战员的心理资本，以更好地应对压力。

8. 敞开心胸，倾吐心事

矿山救护指战员在感知压力时，可找同事、朋友、亲人聊聊天，诉说自己的心事，或自己写日记倾泻一番，可有效缓解压力，促进自己心理健康。原因有二：一是找人倾吐或写日记，常常构建一个有意义且完整的情节来解释压力事件，一旦解释了压力事件，人们对这件压力事故就不再多想了；二是说出来，或写出来，就是没有抑制压力事件，而越是刻意抑制，可能会使自己越关注压力事故，越试图不去想这事，实际上会越想得多，写出来，说出来，自然就不会去想了，压力自然就得到缓解了。

矿山救护指战员时时面临压力，有压力是常态，要直面压力，想办法，通过努力彻底解决压力；思想上过滤掉部分压力，转压力为动力；平常注重锻炼躯体，以增强体质；调整好自己心态与情绪，保持乐观，提升心理资本，增加应对压力的能力；在应对压力的过程，采取积极的心理防卫机制，放松身心，多寻求社会支持，敞开心胸，倾吐心事，发泄自己的不良情绪，最终消除压力，保持身心健康，促进工作绩效。

第十五节　心理卫生与健康

救护队实行军事化管理，纪律严明，日常学习训练任务重，考核评比多，在事故处理中人身安全受到威胁，这些都会对矿山救护指战员的心理产生巨大影响，甚至产生心理障碍等问题。所以应关注矿山救护指战员的心理问题，采取针对性心理卫生调适措施，保证其心理健康。

一、心理卫生与健康定义

心理卫生也称精神卫生，是关于保护与增强人的心理健康的心理学原则与方法。研究心理卫生的目的是预防和矫治各种心理疾病以及不良适应行为，保持和促进个人与社会的心理健康。心理健康是指能发挥个人的最大潜能，以及妥善处理和适应人与人之间，人与社会之间的关系，具体包括：①无心理疾病；②积极调节、发展和促使自己的心理处于最佳状态。

二、心理健康标准

人的心理健康包括智力正常、情绪健康、意志健全、行为协调、人际关系适应、反应适度和心理特点符合年龄 7 个方面。心理健康的具体标准有以下 10 点：

（1）有适度的安全感，有自尊心，对自我的成就有价值感。

（2）适度地自我批评，不过分夸耀自己，也不过分苛责自己。

（3）在日常生活中，具有适度的主动性，不为环境所左右。

（4）理智、现实、客观，与现实有良好的接触，能容忍生活中挫折的打击，无过度的幻想。

（5）适度地接受个人的需要，并具有满足此种需要的能力。

（6）有自知之明，了解自己的动机和目的，能对自己的能力作客观的估计。

（7）能保持人格的完整与和谐，个人的价值观能适应社会的标准，对自己的工作能集中注意力。

（8）有切合实际的生活目标。

（9）具有从经验中学习的能力，能依环境的需要改变自己。

（10）有良好的人际关系，有爱人的能力和被爱的能力。在不违背社会标准的前提下，能保持自己的个性，既不过分阿谀，也不过分寻求社会赞许，有个人独立的意见，有判断是非的标准。

三、矿山救护指战员心理卫生的调适措施

矿山救护指战员在日常紧张的学习训练、考核评比及事故处理中，主要表现出恐惧、紧张、愤怒、悲伤、盲目乐观、厌恶及淡漠等心理状态，需采取针对性的心理卫生调适措施，化解不良情绪，预防心理疾病，以保持良好心理状态，促进矿山救护队各项工作，保障指战员身心健康。

1. 心理卫生的基本原则

（1）树立正确的人生观、世界观。树立了正确的人生观、世界观，就能对社会、对人生有正确的认识，就能科学地分析周围发生的事情，保持适度的心理反应，防止心理反应的失常。

（2）防止与克服心理冲突。人在生活、学习与工作中，不可避免地发生心理矛盾，但是要控制其强度不宜过猛，持续时间不要过长。有了心理冲突，就要设法正确解决，不能消极对待。

（3）参加有益的集体活动。一个人如果经常与集体隔离，不与人交往，往往心情抑郁或孤芳自赏，容易养成孤独的情绪，影响心理健康。一个人经常参加有益的集体活动，进行正常而友好的交往，可使人消除忧愁，心胸宽畅，心情振

奋，精神愉快。

（4）要有自知之明。要了解自己的长处与短处，办事要根据自己的智力等情况量力而行，切不可设置经过努力而无法达到的目标，否则容易受到挫折，产生心理冲突，情绪不安，影响心理健康。

（5）保持健康的身体，有规律生活，戒除不良嗜好。

2. 不良情绪和不良心态调适方法

不良情绪和不良心态会阻碍人际关系、损害身心健康、破坏群体意识、降低士气与效率，因此，应掌握调适不良情绪和不良心态的方法。

（1）理智控制法。学会自己理智控制自己的情绪，明白发怒不会产生任何好的结果。理智控制会让自己培养一种好的习惯，可以自如地应对各种事情和困难。情绪上来后，强迫自己静下来好好思考一下，使内心平静，把不良的情绪消化掉，思考自己到底哪里不对，有哪些可以改进的地方。

（2）合理释放法。合理释放法是一种直接的方法，找最好的朋友或是其他信任的人，或小队长、中队长，好好地倾诉一下，只要是可以宣泄的，任何方法都可以，当然不能伤害自己，也不可以伤害别人。

（3）注意转移法。可以去看电影、旅行，去公园看风景、听几段其情调与情绪相同的音乐，接着听一些情调与情绪相反的音乐。比如，当悲伤的时候，先听几段悲伤的音乐，接着听一些愉快的歌曲。这样，悲伤感就会慢慢消失。特别是悠长轻缓的乐曲，对人有松弛情绪、增进生活乐趣的作用。也可以跑跑步，运动可以起到消除不良情绪的作用，可以使心率加快，促进血液循环，增加肌体对氧气的吸收量，使大脑兴奋。

（4）饮食调节法。碳水化合物具有镇定的作用，这是因为碳水化合物可以刺激大脑产生一种具有镇定、迟缓作用的神经介质。因此，当人情绪紧张焦虑或烦躁不安时，可食用玉米、马铃薯、面粉等；精神抑郁时，可食用水生贝壳类、鱼、鸡、瘦肉及黄豆等。食物的香味也可沁人心脾，调神益智。

（5）环境调节法。环境调节包括颜色、光线等调节。如果产生烦躁或发怒的情绪时，就应该避开红色；情绪抑郁时，避开黑色或者深蓝色，多接触一些明快的暖色色彩；情绪焦虑、紧张时，应该接触灰色、白色等非彩色，可以起安定、镇静的作用。多晒晒太阳，忧郁情绪可以得到缓解甚至消除；柔和的灯光，使人情绪平静而有舒适感。

（6）自我安慰法。自己劝慰自己“想开点”，为自己找一种“合理”的解释，“自圆其说”。自我安慰法就是改变不合理的认知方式，要用全面、本质和辩证发展的观点与实事求是的态度来分析与认识问题。例如“吃不着葡萄说葡萄酸”，虽是一种精神胜利法，但总比懊恼、沮丧强。也有许多事，换一个角度看，不难发现其中的积极因素，正所谓“塞翁失马，焉知非福”“失之东隅，收之桑榆”。如受中队长批评，不能光想着是中队长对你有意见，对你不满，换一角度，或是自己错了，或是中队长的严格要求、格外关照、用心培养。

第三章　特殊环境对矿山救护指战员的心理影响与防护

矿山救护指战员需要在一些特殊环境，如在高低温、缺氧、有毒有害气体超限、有浓烟视线不清环境从事救援及相关工作，且携带平均重达30千克装备，难免会给他们的生理和心理造成极大的压力，引起一些应激反应，影响其生理和心理健康，降低救援工作绩效，需采取针对性防护措施。

第一节　高低温环境对矿山救护指战员的心理影响与防护

人体有一套复杂的温度调节系统，以维持体温在（37±2）℃间波动。如果人体细胞温度超过45℃，就会发生蛋白质凝固；如果温度接近0℃，细胞内水结晶会胀破细胞。人体温度调节系统必须保证其皮肤温度低于40℃以防过热，高于0℃以防过冷。如果人体深部温度变动超过6℃，将会有致命的危险。矿山救护指战员在处理瓦斯爆炸事故、火灾事故，在用液氮或液态二氧化碳灭火时；在夏季、冬季进行野外训练，或在执行紧急外援任务、防护措施准备不足时，都可能由于温度过高或过低，超过人体的适应和耐受能力，影响生理和心理功能，导致训练或救援工作绩效下降。

一、高低温环境对心理影响的相关理论

温度影响心理健康比较有代表性的理论是气象情绪效应理论。除此之外，研究者大多从两个角度来解释温度的影响机制：第一个角度是生理角度，代表性理论主要有棕色脂肪组织理论和血清素理论等；第二个角度是行为角度，认为气温通过影响人们的健康保持行为来影响其心理健康。

1. 气象情绪效应理论

气象情绪效应是指一个人的情绪状态可以受到气象条件的影响。气象条件是组成人类生活环境的重要因素，气象条件及其变化不仅影响人的生理健康，对人的心理情绪的影响也非常明显。有利的气象条件可使人们情绪高涨、心情舒畅，生活质量和工作效率提高，而不利的气象条件则使人情绪低落、心胸憋闷、懒惰无力，甚至会导致心理及精神病态和行为异常。

2. 棕色脂肪组织理论

棕色脂肪组织，是哺乳动物体内非寒颤产热的主要来源，对于维持动物的体温和能量平衡起到重要作用。高温压力会过度激活棕色脂肪组织，进而损害人体的耐热性，这种损害会改变棕色脂肪组织投射到脑区的神经活动，使人产生异常的情绪或行为，影响个体心理健康。

3. 血清素理论

血清素理论认为，血清素（即5-羟色胺，简称为5-HT）作为一种神经递质，会影响到人的情绪状态，进而影响人的心理健康。已有的生物实验已经证明，血清素作用广泛，对情绪调节、感觉传输和认知行为等都有重要调节作用，在调节焦虑和抑郁情绪及行为中发挥着关键性的作用。在低温环境下，人体内的血清素受体的活动水平较低，但是随着温度的升高，血清素受体的活动水平会逐渐增高，人的情绪状态会受此影响，可能产生焦虑、抑郁情绪，进而导致情绪的稳定性降低，引发冲动和攻击行为，严重者甚至引发自伤、自杀行为。

4. 健康保持行为观点

有研究者认为，极端的温度，如异常的高温（热浪等）和异常的低温（暴雪等）会使人们的“健康保持行为”减少甚至完全消失，进而影响人们的心理健康。这里的健康保持行为主要是指锻炼和良好的睡眠，这些行为对于人们保持良好的身心状态是必不可少的。参加体育活动与更好的心理健康水平呈正相关，与自然环境接触也有益于增加积极情绪，减少压力和消极情绪，而高低温显然成为户外活动的障碍。

二、高低温环境对心理的影响

（一）高温环境对心理影响

矿山救护指战员在高温环境中训练或救灾时，机体内积蓄热量增多，会引起机体一系列热应激，热应激是机体对热环境发生全身性的、综合性的生理反应，主要有脑温、肌温和脱水。①脑温。脑组织对温度变化及缺血有特殊的敏感性，在大多数情况下，热应激最先导致脑细胞工作能力的下降。②肌温。过度的温度使肌细胞酶活性降低，能量代谢受阻，功能蛋白变性，这些变化会直接影响肌肉工作能力。③脱水。热应激会导致机体脱水并引起一系列的生理反应，损害运动能力。

持续的高温环境，可造成包括脱水（体液丢失）、热痉挛（骨骼肌的不随意挛缩）、热衰竭（由于循环血量不能满足皮肤血管的舒张而引起的低血压和虚弱）和中暑（下丘脑体温调节功能不足）等热伤害的发生。

1. 脱水

脱水是指体液的丢失，又称失水。水丢失时大多伴有电解质的丢失，尤其是钠离子的丢失。失水量占体重的 2% ~ 3%，称为轻度脱水；失水量占体重的 3% ~6%，为中度脱水；失水量占体重的 6% 以上，为重度脱水。轻度脱水即可影响运动能力；中度脱水时便可出现脱水综合征，表现为烦躁不安、精神不集中、软弱无力、皮肤黏膜干燥、尿量减少、心率加快；重度脱水除了有体力和智力减退外，还可出现精神症状，严重者神志不清甚至出现昏迷。

2. 热痉挛

长时间在高温环境从事体力劳动时，如高温环境下救灾，由于体内的矿物质丢失和大量出汗伴随的脱水所引起的肢体骨骼肌疼痛和痉挛，称为热痉挛或中暑性痉挛。热环境中负荷较重的肢体肌肉容易发生痉挛。

3. 热衰竭

热衰竭是高温环境下长时间劳动或运动所出现的血液循环机能衰竭，表现为血压下降，脉搏和呼吸加快、大量出汗、皮肤变凉、血浆和细胞间液量减少、晕眩、虚脱等症状。一般发病迅速，先有头晕、头痛、心悸、恶心、呕吐、大汗、皮肤湿冷、体温不高、血压下降、面色苍白，继而出现晕厥，通常昏厥片刻即清醒。

4. 中暑

中暑是指因高温引起的人体体温调节功能失调，体内热量过度积蓄，从而引发神经细胞受损。其典型症状为：体内温度超过 40 ℃，停止出汗，皮肤干枯，脉搏和呼吸加快，血压升高，意识混乱或丧失，如得不到及时治疗，可能会进一步发展为昏迷甚至死亡。

环境温度过高，大脑皮层体温调节中枢的兴奋性增高，因负诱导而致中枢神经运动区受抑制，出现肌肉收缩能力下降，动作准确性和协调性差，反应速度和注意力降低，认知判断能力下降，嗜睡和共济失调（在肌力没有减退的情况下，肢体运动的协调动作失调）等现象。高温也可引起视觉反应时间延长。高温对人的情绪产生负面影响主要表现为：情绪低落，对事物缺乏兴趣，对人缺乏热情，心烦气躁，易激动。

（二）低温环境对心理影响

低温环境对人体的影响，主要有3种类型：第一类是对组织产生冻痛、冻伤和冻僵；第二类是冷金属与皮肤接触时产生黏皮伤害；第三类是对人体全身性生理影响所造成的低温不舒适症状。

1. 冻痛、冻伤和冻僵

人体处于低温环境时，会出现一系列代偿性生理功能变化，如外周血管收缩、代谢产热量增加等。皮肤血管收缩，可使体表温度降到接近周围冷空气或冷水的水平，以减小人体表面与环境间的温度梯度，使辐射、传导和对流散热作用降低到最低程度。如皮肤血管处于持续的极度收缩状态，流经体表的血流量显著下降，使局部组织供血停止，造成缺血性缺氧，刺激血管壁神经，从而引起痛觉，即冻痛。冻痛发生后，低温环境暴露继续发展，则冻伤和冻僵将接踵而来。冻伤比较容易发生在肢端和血流较少的部位，所以在低温环境中手、脚的保暖对于防止冻伤来说较为重要。

2. 冷金属黏皮

在温度很低的冷暴露时，皮肤与金属接触会使皮肤黏着，这就是所说的“冷金属黏皮”。一般在-20 ℃以下的冷环境中，稍湿润的皮肤即可能与金属黏贴，引起表层脱落。有可能在冷条件下与皮肤直接接触的金属装备，在设计时必须考虑到防止黏皮的问题。

3. 低温不舒适症状

全身性低温环境暴露产生不舒适症状，主要是由于人体热损失过多，导致深部温度（口温、肛温）过分降低，由温度过低引起的。体温过低通常定义为核心温度（直肠、耳膜、下丘脑）低于35 ℃的热生理状态。当核心温度处于33~35 ℃之间时，称为轻度体温过低，这时出现冷紧张感和严重的不自主寒颤。在低温暴露中，骨骼肌的活动水平增加，这是机体增加产热量的主要途径。人体受冷时，初期可发生局部颤抖（寒颤）；随着体温下降，逐渐扩展成为全身性反应。最强的寒颤，可产生350~400 kcal/h的热量，使代谢水平提高到静止时的5倍。在冷暴露时，机体还可能通过神经-体液调节机制直接引起代谢率增加，这就是“非寒颤产热”。心率、每搏输出量、血压和呼吸频率均升高，肺通量增加，这些反应是与人体代谢水平升高相适应的。同时，红细胞数、血红蛋白、血糖增加，出现头痛等不舒适反应。冷应激对中枢神经系统的影响：引起脑损伤产生健忘、口吃和定向障碍，主动性丧失，脑力协调性降低。核心温度降到30~33 ℃时，称为中度体温过低，脑力活动下降，全身剧痛，有明显的困倦感觉，意识模糊，出现幻觉，处于半意识状态，最终意识丧失。

低温直接使皮肤变冷，影响关节腔内液体的黏滞性，从而减低活动敏捷性，使人反应变慢、动作笨拙、协调性降低、惰性增加。低温环境对手足的影响最为明显，手部由于肌肉紧张、关节僵硬，致使手部灵活性和协调性下降，使手的技巧操作能力降低。同时，低温也使手的触觉灵敏度下降，从而减少了对手部动作的触觉反馈，对需用手操作完成的任务效果影响大。

矿山救护指战员在低温环境下救灾或训练时，除因为动作失去协调性而影响工作绩效外，情绪也会低落，可能产生焦虑、烦躁，进而引发冲动。

三、高低温环境下的防护

1. 高温环境下的防护

（1）增加对热环境的生理、心理适应性和耐受力。矿山救护队指战员定期进行高温浓烟训练，机体会逐渐适应高温浓烟环境，对抗热应激的稳定性得到发展，对高温的耐受能力提高，出现热适应状态，这种状态称为热习服。热习服后，高温条件下进行训练或救灾时，出汗较早，汗液在体表的分布较为均匀，汗液中含盐量下降；心率降低，心搏出量增加，皮肤血流量增加，循环血量增加，工作性的血液浓缩程度降低，血液较快地重新分配（至皮肤血管系统），血流接近体表，在体表更有效地重新分配，减少腹腔和肾的血流量（工作时）；基础代谢降低，定量运动时的氧耗降低，身体对高温的耐力增长，快而浅的呼吸形式减少。

（2）装备车载冰箱，将呼吸器冷却介质贮存在冰箱中，出动途中装配上呼吸器，以保证其降温效果；在佩用呼吸器救灾过程中，如果吸气温度高时，定期按压手动补气，以排除气囊中高温气体；指战员要统一穿着纯棉战斗服、体能服，不穿不透气的衣服。

（3）饮用含盐饮料，补充水和电解质。补液可在工作前、中、后进行，应遵循少量多次的原则。

（4）受到热伤害的指战员，迅速使其脱离高温环境，将其抬到通风、阴凉、干爽的地方，使其仰卧并解开衣扣，松开或脱去衣服。

（5）避免手部等皮肤直接接触救护装备、设备金属表面，防止因金属表面温度过高而致皮肤灼伤。

（6）严格执行《矿山救护规程》在高温环境下开展救援工作的规定，井下巷道温度超过 30 ℃即为高温，应限制佩用氧气呼吸器的连续作业时间。当巷道内温度为 40 ℃、45 ℃、50 ℃、55 ℃和 60 ℃时，矿山救护指战员在高温灾区最长时间分别不得超过 25 min、20 min、15 min、10 min 和 5 min。巷道温度超过 40 ℃时，禁止佩用氧气呼吸器工作，但在抢救遇险人员或作业地点靠近新鲜风流时例外。在高温作业巷道内空气升温梯度达到 0.5～1 ℃/min 时，小队应返回基地。

2. 低温环境下的防护

（1）增加对低温环境的生理、心理适应性和耐受力。人在低温环境中长期生活，能对低温产生适应，提高耐受能力，这就是所说的低温习服。低温习服机理十分复杂，涉及组织限热性增强、躯体外壳传导率降低等变化。这是皮下脂肪增厚和外周血管收缩程度增强这两种因素协同作用的结果。非脂肪组织隔热性能的提高也有一定作用。非寒颤产热反应是提高机体耐寒能力的又一重要因素。随着人体对寒冷的逐渐适应，颤抖反应渐趋减少，非寒颤产热反应加强。非寒颤产热效率高，对机体适应寒冷十分有利。此外，低温习服过程还可使机体寒冷所致疼痛、麻木和冻伤的易感性降低。矿山救护指战员应在冬季开展针对性抗冻训练，提高低温耐受能力。

（2）加强局部保暖措施，特别是对手足等远心端肢体的保暖，可佩戴手套；加强全身保暖，在进行液氮、液态二氧化碳灭火操作时，按规定穿着绝热服、防冻服。

（3）救援金属装备对冷环境很敏感，触摸时易造成“冷金属黏皮”，可在操作杆或控制柄上安装塑料套，避免皮肤接触。

（4）提供热食、热饮。

（5）寒颤时可活动肢体产生热量来暖和自己。

第二节 缺氧环境对矿山救护指战员的心理影响与防护

氧气（O_2）是维持人体生命所必需的基本物质，如果机体得不到正常的氧供应，或者不能充分利用 O_2 进行代谢活动，就可引起一系列生理及心理功能的改变，这种状态为缺氧。矿山救护队指战员在处理事故或从事安全技术工作时，如处理火灾、瓦斯爆炸事故、水灾、煤与瓦斯突出，或进行启封密闭、排放瓦斯时经常会遭遇缺氧环境。地处高原地带的矿山救护队，因海拔高空气中氧分压小，在日常生活、学习训练中，在事故处理中，时时处于缺氧状态。

一、缺氧对心理功能的影响

《煤矿安全规程》规定，在采掘工作面的进风流中，按体积计算，空气中 O_2 的浓度不得低于20%。当空气中 O_2 浓度降至17%，人静止时无影响，工作时感到呼吸困难和心跳加快；降到15%，呼吸和心跳急促，感觉和判断力减弱，失去劳动能力；10%～12%时，失去理智，时间稍长就有生命危险；6%～9%时，呼吸停止，几分钟内就会死亡。在人体组织中，神经系统对内外环境的变化最为敏感，脑组织的重量仅为体重的1/50，但其耗氧量却占机体的20%。可见，脑组织的需氧量很大，对缺氧也极为敏感。因此，在缺氧条件下，脑功能损害发生最早，损害程度也较为严重，会引起感觉、知觉、记忆、思维判断、注意和情绪情感等心理问题，使心理功能下降，影响矿山救护指战员工作绩效。

1. 缺氧对认知功能的影响

1）对感知觉的影响

（1）缺氧对人体的感觉机能影响较早，其中视觉对缺氧最为敏感。缺氧时，以柱状细胞为感受器的夜间视力受影响最为严重，且恢复缓慢；以锥形细胞为感受器的昼间视力耐受力较强，但随着氧浓度的继续下降，也将受到损伤。在低照明度下，缺氧对几何形象分辨能力影响很大，并使视野变小，盲点扩大；眼的协调能力出现障碍，看不清近物，眼球固定对准目标的动作不准确；空间视觉受损，视觉反应时间延长，对颜色辨别能力下降。

（2）缺氧时，首先高频范围的听力下降，随后，中频、低频范围听力减退。并且，缺氧对听觉定向力影响显著。

（3）触觉和痛觉在缺氧情况下逐渐变得迟钝，机体可能会出现错觉和幻觉。

2）对记忆力的影响

记忆对缺氧很敏感。随着氧含量的下降，从记忆下降到完全丧失记忆能力，主要表现为反应时延长、记忆内容紊乱、识记时间延长。在此过程中，意识尚存在，并始终保持。缺氧主要影响短时记忆，一般不影响长时记忆。

3）对思维的影响

缺氧严重影响人的思维能力，判断力下降，主观性增强，说话重复，书字笔画不整齐，字间距扩大，语法错误增多，但自己却意识不到，做错了事，也不会察觉，还自以为自己正常。

4）对注意的影响

缺氧时注意能力明显减退，注意的转移和分配能力明显减弱，注意难于从一项活动很快转向另一项活动，往往不能同时做几件事，注意的范围变窄，只能看到前方的事物，注意难于集中，不能像平时那样集中精力专心做好一项工作。

2. 缺氧对情绪的影响

缺氧首先影响的是人体中枢神经系统的高级部位，首先麻痹大脑皮层功能，使情绪失去皮层正常调节，从而发生程度不同的情绪紊乱，直至情绪障碍。随着氧浓度下降，抑郁水平逐渐上升，情感的两极性表现明显，即忽而大笑，忽而大怒、争吵，有时又突然悲伤流泪。

3. 缺氧对个性的影响

随着氧气浓度的下降，个性会发生明显变化，表现出更多的偏执、强迫行为、意志消沉和无端的敌意。

4. 缺氧对工作绩效的影响

缺氧对心理运动能力有明显影响。随着氧气浓度的下降，人体精细运动的协调机能下降，人变得笨拙，甚至出现手指颤抖及前后摆动，动作迟缓，耐力下降，工作需要更大的努力才能完成，工作绩效降低。

二、缺氧的防护

缺氧对矿山救护指战员的生理、心理和工作绩效均产生明显影响，甚至危及生命安全，因此必须做好预防和防护措施，保障指战员身心健康。

1. 保证供氧

（1）矿山救护指战员要保持氧气呼吸器100%合格，并随时可用，时刻处于战备状态。在进入灾区前必须进行严格的战前检查，战前检查合格，才能按照命令，佩用呼吸器进入灾区。

（2）矿山救护指战员在入井救灾时，如果不能确认井筒和井底车场有无有毒、有害气体，应在地面将氧气呼吸器佩用好。在任何情况下，禁止不佩戴氧气呼吸器的救护队下井。

（3）在灾区，小队长应每间隔20 min检查一次队员的氧气压力、身体状况，并根据氧气压力最低的1名队员来确定整个小队的返回时间。救护队返回到井下基地时，必须至少保留5 MPa气压的氧气余量。在倾角小于15°的巷道行进时，将1/2允许消耗的氧气量用于前进途中，1/2用于返回途中；在倾角大于或等于15°的巷道中行进时，将2/3允许消耗的氧气量用于上行途中，1/3用于下行途中。

（4）在灾区如有队员呼吸器发生故障，要按规定，视故障大小，进行现场排除故障，或换备用呼吸器、全小队撤出。

（5）矿山救护指战员在高原地区进行高强度训练时，如缺氧反应大，可配备简易的供氧装置，或临时吸氧，可有效降低缺氧带来的身心反应。

2. 对缺氧环境的习服

通过机体对缺氧环境的习服，可逐步适应低氧环境。

（1）有计划、间歇性地进入缺氧环境。处于高原地带的矿山救护队，可逐步进入不同高度，中间间歇1~2天，给机体一个缓冲适应时间，使机体有足够的时间对环境变化进行代偿，并使由于缺氧所引起的症状得以减轻和消退。

（2）进行缺氧训练。缺氧训练可以在高原缺氧环境中进行，也可加载呼吸阻力（如戴口罩）进行训练。通过缺氧状态下的运动训练，可对机体造成强烈刺激，机体能最大限度地摄取和利用有限的氧，导致相关系统和器官的功能状态出现显著的应答性反应和适应性变化，有效刺激心血管和呼吸功能的改善，调动机体潜能，进而提升有氧运动能力，并可使体内细胞无氧供能状态得到改善。

3. 加强训练，形成动力定型

矿山救护指战员平时加强对重要动作技能的训练，使之不断强化，在脑中形成动力定型，达到自动化的状态，降低对智力活动的要求，这样指战员在缺氧条件下也能熟练操作，不致严重影响工作绩效。

缺氧对矿山救护指战员身心及工作绩效均有影响，在事故处理及从事安全技术工作时，首先要防止缺氧情况的发生，禁止进入缺氧环境中工作；其次，加强对缺氧的习服，并开展缺氧环境下的心理训练，减少心理障碍，学会正确的应对方式。

第三节　有毒有害气体环境对矿山救护指战员的心理影响与防护

煤矿井下常见的有毒有害气体主要有氮气（N_2）、二氧化碳（CO_2）、一氧化碳（CO）、硫化氢（H_2S）、二氧化硫（SO_2）、二氧化氮（NO_2）、甲烷（CH_4）及氢气（H_2）等。

一、有毒有害气体对心理功能的影响

有毒有害气体对躯体的危害主要是，当浓度达到一定值时，如氮气（N_2）、甲烷（CH_4），使氧含量相对减小，造成缺氧；有些气体可燃烧、爆炸，产生高温高压及有毒气体，同时消耗 O_2，如甲烷（CH_4）、氢气（H_2）；气体本身有毒性，对人造成伤害，如一氧化碳（CO）、硫化氢（H_2S）。矿山救护指战员进入有毒有害气体环境中时，易紧张、恐惧、焦虑，或盲目自信，无所谓，或因任务重而不满，心生厌恶、愤怒。

1. 氮气（N_2）

N_2 是无色、无味、无臭的气体，比重为 0.97，不助燃也不能供人呼吸。一般情况下，N_2 对人体无危害，但当矿井空气中 N_2 积聚，使氧量相对减少，可使人因缺氧而窒息。

2. 二氧化碳（CO_2）

无色、略有酸臭味、微毒的气体，比重 1.529，易溶于水，不助燃，对眼睛和呼吸器官有刺激作用。煤矿井下 CO_2 来源于：坑木的腐烂和氧化；煤及岩石的缓慢氧化和碳酸盐的分解；煤层或岩层的释放；矿内火灾或瓦斯爆炸；人的呼吸等。

空气中 CO_2 浓度大时，也能发生中毒事故。当 CO_2 浓度达到 1% 时，呼吸感到急促；3% 时，呼吸量增加二倍，工作者很快疲劳；达 5% 时，呼吸感到困难，耳鸣，自我感觉血液流动很快；6% 时，发生严重喘息，身体极度虚弱乏力；达 10% 时，头昏，发生昏迷；在 10% ~20% 时，呼吸处于停顿状态；到 20% ~25%，窒息而死亡。

3. 一氧化碳（CO）

CO 是无色、无味、无臭的气体，比重为 0.968，具有可燃性和爆炸性，其爆炸界限为 13% ~75%。CO 极毒，当其进入人体内后，CO 与 Hb（血红蛋白）的亲和力比 O_2 与 Hb 的亲和力大 300 倍，形成的碳氧血红蛋白（HbCO）解离比氧合血红蛋白（HbO_2）慢 3600 倍，且 HbCO 抑制 HbO_2 的解离，阻碍 O_2 释放和传递，造成低氧血症致组织缺氧。CO 系细胞原浆毒物，对全身组织均有毒性作用。

当空气中 CO 浓度达 0.016% 时，无征兆或仅有轻微征兆，数小时后稍微不舒服；达 0.048%，1 h 内轻微中毒，耳鸣，头痛，头晕与心跳；0.128% 时，0.5~1 h，严重中毒，肌肉疼痛，四肢无力，呕吐，感觉迟钝，丧失行动能力；达 0.4% 时，短时间内，丧失知觉，痉挛，呼吸停顿，假死；当达到 1% 时，呼吸 3~5 口气迅速死亡。

4. 硫化氢（H_2S）

H_2S 是一种无色微甜带有臭鸡蛋味的气体，比重 1.19，易溶于水，溶于水后称为硫化氢水，它具有强酸性。H_2S 浓度达 4.3% ~45.7% 时遇火能爆炸。H_2S 有强烈的毒性，能使血液中毒，对眼睛黏膜及呼吸系统有强烈的刺激作用。

当空气中 H_2S 浓度达到 0.01% 时，流唾液和清鼻涕，瞳孔放大，呼吸困难；达 0.02% 时，昏睡，头痛，呕吐，四肢无力；0.05%，30 min 后人失去知觉，痉挛，脸色发白，不急救就会死亡；至 0.1%，迅速死亡。

5. 二氧化硫（SO_2）

SO_2 是无色、具有强烈硫黄味和酸臭味的气体，比重 2.27，易溶于水，与水反应生成亚硫酸（H_2SO_3），对呼吸器官有腐蚀作用，使喉咙及支气管发炎，呼吸麻痹，严重时会引起肺水肿。

当空气中 SO_2 浓度达到 0.001% 时，强烈刺激眼膜和呼吸器官，引起眼睛红肿，咳嗽，头痛，喉痛；达 0.05%，短时间内引起气管发炎，肺水肿，使人死亡。

6. 二氧化氮（NO_2）

NO_2 是褐红色、极毒、易溶于水的气体，比重 1.57，对眼睛、鼻腔、呼吸道和肺部有强烈的刺激作用。NO_2 与水化合成亚硝酸（HNO_2）和硝酸（HNO_3）。

$$2NO_2+H_2O=HNO_2+HNO_3$$

当空气中 NO_2 浓度达到 0.006% 时，短时间内对呼吸器官有刺激作用，咳嗽，肺部作痛；达 0.01%，咳嗽，呕吐，神经系统麻木；到 0.025%，短时间内很快死亡。

7. 甲烷（CH_4）

CH_4 是无色、无味、无臭的气体，比重 0.554，微溶于水，无毒，但在空气中的含量达到一定浓度时，遇火会燃烧和爆炸，其爆炸界限为 5.0%~16.0%；浓度达到 40% 以上时，能使人窒息。

8. 氢气（H_2）

H_2 是无色、无味、无臭的气体，比重 0.068，无毒，不帮助呼吸，可燃，有爆炸性，爆炸界限为 4.0%~74.2%。

二、有毒有害气体的防护

矿山救护指战员在处理灾害时，对有毒有害气体的防护，要从以下几个方面着手：①防止超过规定浓度的有毒气体进入呼吸系统；②防止可燃可爆气体发生爆炸或燃烧；③防止有害气体浓度大而致缺氧；④防止在有毒有害气体环境中心理上产生不良情绪，影响自身安全。

1. 防止超过规定浓度的有毒气体进入呼吸系统

（1）在井下处理事故时，要按规定随时检查气体浓度；当有毒气体浓度超过规定时，要佩用氧气呼吸器从事抢险救灾工作；佩用氧气呼吸器工作时，必须执行相关规定。

（2）在不需救人的情况下，严禁进入有毒气体超限的区域。需要进入时，先通风排除有毒气体，使之浓度降至安全范围之内后，再行进入。

2. 防止可燃可爆气体发生爆炸或燃烧

（1）矿山救护队遇有爆炸危险的灾区，在需要救人的情况下，经请示救援指挥部同意后，指挥员才有权决定小队进入，但必须采取安全措施，保证小队在灾区的安全。

（2）处理火灾事故过程中，应保持通风系统的稳定，指定专人检查瓦斯和煤尘，当瓦斯浓度超过 2%，并继续上升时，必须立即将全体人员撤到安全地点，采取措施排除爆炸危险。

（3）矿山救护队携带装备必须经检验防爆合格，否则严禁下井，防止产生火电引爆气体。

（4）在排放瓦斯工作时，错口排放或逐段排放，排出的瓦斯与全风压风流混合处的瓦斯浓度不得超过 1.5%，进入瓦斯巷道的救护指战员必须佩用氧气呼吸器。

3. 防止有害气体浓度大而致缺氧

（1）在井下处理事故时，随时检查 O_2 浓度，低于 20% 时，应佩用氧气呼吸器。

（2）做好其他保证供氧、缺氧防护的工作。

4. 防止在有毒有害气体环境中心理上产生不良情绪

（1）在进入有毒有害气体环境前，指挥员要做好战前动员，布置安全措施，并搭配好新、老队员，由中队领导带队，给队员以充足的安全感。

（2）矿山救护指战员要学会调节自己心态，进入灾区前，进行深呼吸，平息自己的不良情绪，并认真开展战前检查，增强对自己氧气呼吸器的信心。

据统计数据显示，我国矿山救护指战员自身伤亡事故，绝大多数是有毒气体中毒而致，如不按规定佩用氧气呼吸器，或灾区中呼吸器出故障，或爆炸冲击波使口具脱落，还有因身处有毒有害气体环境中，心理紧张，呼吸急促，呼吸频率急速变动，导致呼吸器灭火而不能正常供氧。所以，从技术角度，从心理角度，加强对有毒有害气体环境中的防护，保障矿山救护指战员人身安全，防止指战员伤亡事故的发生。

第四节　烟雾环境对矿山救护指战员的心理影响与防护

矿山救护队在抢险救灾过程中，常常遇到由烟雾导致的能见度低、视线不清的环境。视线不清，指战员不能准确、全面掌握灾区情况，也影响指战员动作的协调性与操作的准确性，同时，烟雾对指战员心理影响大，会带来一系列不良情绪，也严重影响救援工作绩效。

一、烟雾产生的原因分析

物品燃烧时形成的极其细小的粉尘颗粒分散到空气中形成烟，小液滴分散到气体中形成雾，烟与雾均能影响视线。

1. 烟气产生原因

（1）矿山救护队在井下处理事故时，火灾、爆炸能产生烟气。

（2）在处理煤与瓦斯突出事故时，或通风排除瓦斯时，如风量大、风压高，也可吹起极细小的煤岩颗粒，在空气中弥漫，影响视线。

2. 雾气产生原因

（1）呼吸器面罩镜片起雾。矿山救护队员佩用呼吸器时，呼出气体中水分大或脸部出汗，面罩内气体（即水蒸气）一般达到了饱和状态，氧气呼吸器面罩镜片温度如果低于面罩内气体的温度，在镜片内表面附近水蒸气达到过饱和，就会有水分析出、液化，聚集成小水珠就成了雾。面罩镜片与面罩内气体温差越大，就越容易起雾，起雾也越多。面罩镜片温度受面罩外环境影响，基本接近外部环境温度。所以，在处理火灾面对明火时，因外界温度高，面罩镜片与面罩内气体无温差或外部温度高，此时面罩镜片内表面不起雾，但当外界环境湿度高时镜片外表面易起雾。

（2）封闭的巷道如果存水，或湿度大，启封后，与外界形成热交换，外部相对低温空气进入，封闭巷道空气中水分过饱和，水分析出，形成雾气。

（3）在用水灭火时，水遇火区高温汽化，也可形成雾气。

二、烟雾的心理影响

浓烟能刺激救护指战员的感觉器官，特别是刺激眼睛，造成流泪、眼花、头昏，甚至失去活动能力。但烟雾最主要的影响，是造成视线不清，影响视觉功能。

（1）视线不清，影响对灾区环境信息的获取。视觉是人的各种感觉中最重要的一种，是人类获取信息的主要渠道，有研究表明，个体从外界获得的信息有80%来自于视觉。在烟雾环境中，通过视觉获取信息的渠道受到阻挠，不能及时、全面、准确把握灾区情况。视线不清，一是影响救灾工作的绩效，二是造成指战员恐惧。人，只有全面了解周围的环境，并确信对自己的安全不构成威胁时，心中才有安全感，才不会害怕。烟雾环境中指战员不能全面了解周围的环境，因而感到恐惧不安。

（2）视觉在统整其他感知觉工作中有着重要的作用。有研究认为，普通个体通过视觉获得的表象的量是最多的，而且可以将零碎的东西统整。在烟雾的灾区环境中，视觉功能受烟雾干扰不能发挥正常作用，将会影响其他知觉所获取知识的组织、消化，因此，身体的协调性变差，操作动作的准确性下降，行动迟缓，检测气体或操作设备不稳、不准，且效率不高。

（3）无法准确分辨物体形状，包括巷道情况、设备或遇险人员状况。烟雾环境中，矿山救护指战员无法通过空气透视、线条透视、运动视差等形成形状知觉。

（4）无法形成立体视。受烟雾影响，视线不清，不能分辨物体远近，没有了空间的深度感，也就无法实现将物像从平面向立体的转变，导致容易走错路线，返回时也易迷路。

（5）视觉会影响其他知觉。矿山救护指战员在烟雾环境中，视线不清时，对听觉影响最大。如正常的行进声音，可能被认为是突出的煤炮声；仪器的晃动声音，可能会误以为爆炸声音，对心理造成极大的恐慌。

（6）视线不清，造成感觉剥夺，可能会出现视错觉、视幻觉，听错觉、听幻觉，对外界刺激过于敏感，情绪不稳定，紧张焦虑，思维迟钝，暗示性增高。

三、对烟雾的防护

严格执行《矿山救护规程》的规定，巷道烟雾弥漫能见度小于 1 m 时，严禁救护队进入侦察或作业，需采取措施，提高能见度后方可进入。对烟雾的防护措施，主要有防止烟雾产生的措施、防止烟雾影响视线的措施及烟雾环境下心理调适措施。

1. 防止烟雾产生

（1）直接灭火时，应从进风侧进行，防止火烟流经指战员所处位置。

（2）用水灭火时，水流不得对准火焰中心，随着燃烧物温度的降低，逐步逼向火源中心。灭火时应有足够的风量，使水蒸气直接排入回风道。

（3）进风的下山巷道着火时，应采取防止火风压造成风流紊乱和风流逆转的措施。如有发生风流逆转的危险时，可将下行通风改为上行通风，从下山下端向上灭火，以避免火烟流经指战员所处位置。

（4）按规定佩用氧气呼吸器，并保持100%合格，特别是正压性能必须符合规定，并拉紧面罩，防止漏气，避免外界烟气进入面罩内。

（5）保持氧气呼吸器面罩内空气温度低于外界气温，从根本上避免面罩镜片内表面起雾。保证氧气呼吸器冷却系统正常冷却，装备车载冰箱，将呼吸器冷却介质贮存在冰箱中，出动途中装配上呼吸器，以保证其降温效果；在佩用呼吸器救灾过程中，如果吸气温度高时，定期按压手动补气，以排除气囊中高温气体。

（6）进入灾区前，在氧气呼吸器面罩镜处片内表面按规定涂防雾剂，或贴保明片，防止面罩镜片内表面起雾影响视线。

（7）改进现有氧气呼吸器面罩镜片材质，选择与水浸润性差的物质加工制作镜片，或在镜片内层，通过工艺手段，融合一层与水浸润性差的膜；选择导热系数低的物质，即高效保温材料，来加工制作镜片，以减小镜片受外界环境温度的作用造成与面罩内气体温差大而起雾。

（8）改进氧气呼吸器面罩镜片加工工艺。采用中空玻璃加工面罩镜片，减小镜片热传导，从根本上杜绝镜片上雾气的产生。

2. 防止烟雾影响视线

（1）氧气呼吸器面罩设置有除雾刷的，当视线不清时，可双手同时拧转面罩外旋钮，带动面罩镜片内侧的除雾刷刷去镜片内表面的雾滴。

（2）当面罩内气体温度低于外界温度，在面罩镜片外表面起雾、影响视线时，可用毛巾随时擦拭干净。

（3）补偿受影响的视线。在灾区，因烟雾导致视线不清时，可用探险棍探查前进，队员之间要用联络绳联结。在巷道交叉口应设明显的标记，如放置冷光管或灾区强光灯，防止返回时走错路线。

3. 烟雾环境下心理调适

（1）按规定定期开展高温浓烟演习训练。一般在大于50 ℃、能见度低于0.5 m的火烟环境中，拉检力器，锯木段，并进行仪器操作训练，一次连续总时间不低于3 h。通过演习，提升身体协调能力、平衡能力及动作的精准度，提高指战员心理机能及对火烟的适应能力。

（2）在进入烟雾的灾区环境前，指挥员要做好战前动员，调动积极性。指战员可进行深呼吸平息自己的不良情绪，调整好心态。在烟雾中工作时，指战员之间要随时保持联系，相互照应，互相支持，对灾区信息做到互通有无，资源共享及时，如此可以有效缓解、消除内心的恐惧。

（3）在日常学习、工作和生活中，注重用眼卫生，避免一些不良的用眼习惯，比如近距离阅读的时间过长，过度使用电脑、手机等电子产品，不正确的阅读距离或者阅读姿势。

（4）加强眼部肌肉训练。①交替注视。眼球观测 5 m 外的固定距离，再缓慢注视到 0. 3 m 距离的固定点，这种交替远、近注视可以使睫状肌通过舒张、收缩得到锻炼。②眼球做上、下、左、右注视，或者做顺时针与逆时针转动锻炼。每次要保证 10 min，可以使眼外肌参与调节，改善眼睛前部供血。③使劲抬起眉毛，抬上去后保持几秒，然后缓慢放下来，休息 2 s，就这样反复抬眉毛，每天坚持。④不停地眨眼睛，持续 30 s，一天可以多眨几次，这样不仅锻炼了眼部肌肉，还可以通过眨眼使角膜保持湿润。

（5）在日常训练中，增加有关动觉记忆提升方面的内容，如闭眼拆装呼吸器、闭眼单腿独立等，以提升操作动作的准确度及全身协调性、平衡性。

第四章 矿山救护心理危机及干预

矿难发生后，矿山救护队侧重于对遇险人员生命的抢救，往往忽视了矿难给遇险人员、矿难亲历脱险人员等所带来的心理危机问题。随着社会的发展与进步，灾难心理危机干预正越来越成为人们关注的焦点。世界卫生组织专家断言，从现在到21世纪中叶，没有任何一种灾难能像心理危机那样给人们带来持续而深刻的痛苦，而心理危机干预无疑是能够有效处理人类心灵危机的最佳方式。因此，矿山救护队在救灾中，一方面抢救遇险人员生命，另一方面，要注重心理援助，包括对遇险人员、救灾协作人员及救护指战员自身的心理干预。

第一节 心理危机及干预概述

矿难发生后，遇险人员劫后余生，现场抢险的矿山救护指战员、救灾协助人员，面对遇难者遗体、遇险者的哭喊、呻吟等种种血淋淋的惨烈场面，可能会出现精神濒临崩溃的状态，表现出高度紧张、苦恼、焦虑等，即产生了心理危机。在心理危机发生时，及时进行危机干预，表示关怀、提供援助，可帮助他们摆脱困境，重建心理平衡，防止心理危机进一步发展。

一、心理危机

心理危机是指人们面对某一突发事件或境遇，凭个人资源和应对机制无法解决，个体的稳定状态被打破，导致认知、情感、行为等方面的功能失调状态。

一般而言，心理危机包含两种含义：一是指突发事件，出乎人们意料发生的，在矿山中，如水灾、煤与瓦斯突出、瓦斯爆炸、冒顶、突水等；二是指人们所处的紧张状态。当个体遭遇重大问题或变化而感到难以解决、难以把握时，平衡就会打破，正常的生活受到干扰，内心的紧张不断积蓄，继而出现无所适从，甚至思维和行为紊乱，进入一种失衡状态，这就是危机状态，也就是遇到了心理危机。矿山救护指战员需要面对的是由突发事件引起的遇险人员、救灾现场协助人员及自身的心理危机问题。

（一）心理危机的类型

了解心理危机的分类，可以帮助理解心理危机者所经历的危机的性质，从而采取有效的危机干预手段。角度不同，心理危机分类也不同。

1. 根据危机刺激的来源分类

根据危机刺激的来源，心理危机可分为发展性危机、境遇性危机和存在性危机 3 种。

（1）发展性危机。发展性危机又称为内源性危机、内部危机、常规性危机，指正常成长和发展过程中的急剧变化或转变所导致的异常反应。心理学家埃里克森认为，人生是由一系列连续的发展阶段组成的，每个阶段都有其特定的身心发展课题。当一个人从某一发展阶段转入下一个发展阶段时，他原有的行为和能力不足以完成新课题，新的行为和能力尚未建立起来，发展阶段的转变常常会使他处于行为和情绪的混乱无序状态。如果没有及时为承担新角色培养新的能力和应对方式，每个人都有可能产生发展性危机。如果一个人没有及时建设性地解决某一发展阶段的发展性危机，他未来的成长和发展就会受阻碍，他就会固着在那一阶段。

发展性危机被认为是常规发生的、可以预期的，又是独特的，在生命发展的各个时期都可能存在。如果个体有足够的时间和机会对发展性转变做出适应性的调整，如获得有关信息，学习新技能，承担新角色，就会减小危机对个体心理上的冲击和损害。但是，如果个体缺乏处理危机的经验、对挫折的耐受能力差、缺乏自信、不会与人相处等，发展性危机对他的冲击就会很严重。

（2）境遇性危机。境遇性危机也称外源性危机、环境性危机、适应性危机，是指由外部事件引起的心理危机，当出现罕见或超常事件，且个体无法预测和控制时出现的危机。如矿山中的水灾、煤与瓦斯突出、瓦斯爆炸、冒顶、突水等。境遇性危机具有随机性、突然性、意外性、震撼性、强烈性和灾难性，往往对个体或群体的心理造成巨大影响，这种危机发生突然，影响面广，影响程度深，影响时间长，需要进行及时有效的干预。

卡颇兰（G. Caplan）根据危机产生的原因，进一步将境遇性危机分为 3 类：①丧失一个或多个满足基本需要的资源。具体形式的丧失包括亲人亡故、失恋、分居、离婚、使人丧失活动能力的疾病、肢体完整性的丧失、被撤职、失业、财产丢失等；抽象形式的丧失包括丢面子、失去别人的爱、失去归属感、失去特定身份等。丧失引起的典型的情绪反应是悲痛和失落。②存在丧失满足基本需要资源的可能性。比如得知自己有可能下岗、离退休等。③应付生活变化对个体原有能力提出更高的挑战。常见的情况是本人地位、身份及社会角色的改变所提出的要求超过了个体原有的能力。例如，由中学升入大学的生活适应、毫无准备的职位升迁等。典型的情绪反应是焦虑、失控感和挫折感。

无论哪一种境遇性危机，都具有以下共同的特点：①当事人有异乎寻常的内心体验（情绪），伴有行为和生活习惯的改变，但无明确的精神症状，不构成精神疾病；②有确切的生活事件作为诱因；③面对新的难题和困境，当事人过去的举措无效；④持续时间短，几天或几个月，一般为4~6周。

（3）存在性危机。存在性危机指伴随重要的人生问题，如关于人生目的、责任、独立性、自由和承诺等出现的内部冲突和焦虑。存在性危机可以基于现实，也可以基于后悔，还可以是一种压倒性的持续的空虚感、生活无意义感。

2. 根据危机发生的时间早晚分类

根据危机发生的时间早晚，心理危机可以分为急性危机、慢性危机和混合性危机。

（1）急性危机。由突发事件引起，当事人产生明显的生理、心理和行为的紊乱，若不及时干预会影响当事人或他人的身心健康，甚至会出现伤害他人或自伤行为，需要进行直接和及时的干预。矿山事故引发的心理危机属于急性危机。

（2）慢性危机。慢性危机是由长期、慢性的生活事件导致的心理危机。慢性危机需要比较长时间的咨询，并需要找出适当的应付机制。

（3）混合性危机。很多情况都是多种因素混合导致多种危机共存，因此进行危机干预时一定要分清主次。

（二）心理危机的周期

突发事件中人们面对危机的心理反应通常经历4个不同的阶段。

1. 冲击期或休克期

在危机事件发生后不久或当时，个体主要感到震惊、恐慌、不知所措，甚至出现意识模糊。此时，损害已经发生。一般来说，这是持续时间短而猛烈的时期，危机对当事者的冲击也最大。冲击期是危机处理中最困难、最紧迫的时期。

处理危机的关键在于尽量控制危机。矿山救护指战员在矿山事故发生后，一般是第一个冲到现场施救的人员，遇险人员处于心理危机的冲击期，在施救生命、使遇险人员迅速脱离加害物的同时，还需在施救的全程对遇险人员及时进行心理援助，给予心理支持。

2. 防御期或防御退缩期

由于灾害事件和情景超过了自己的应付能力，表现为想要恢复心理上的平衡，控制焦虑和情绪紊乱，恢复受到损害的认知功能。但不知如何做，经常会使用否认、退缩和回避手段进行合理化或不适当投射，对解决问题的应对效果造成负面影响。

3. 解决期或适应期

此时能够积极采取各种方法接受现实，并寻求各种资源努力解决问题，焦虑减轻，自信心增加，社会功能恢复。

4. 危机后期或成长期

经历了危机后，多数人在心理和行为上较为成熟，获得一定积极应对技巧，但也有少数人消极应对而出现冲动行为、焦虑、抑郁等，甚至自伤、自杀等。

虽然并非所有的心理危机都依照这 4 个阶段进行，但熟悉心理危机的每个阶段，能够有助于在危机发生时找出每个阶段的问题，并依据当事人在不同阶段的不同心理需求和改变的可能，采取合适的干预手段。

二、危机干预

危机干预又称危机调停，是指帮助个体化解危机，告知其如何应用较好的方法处理危机事件，并采取支持性治疗帮助个体渡过危机、重新适应生活。

危机干预是短程心理治疗，它与长程心理治疗共同之处是宣泄，但不涉及人格塑造。危机干预属于支持性心理治疗，在操作技术上强调倾听，故又称倾听心理治疗。有效的危机干预可以帮助人们获得生理、心理上的安全感，缓解由危机引发的强烈的恐惧、震惊或悲伤的情绪，恢复心理平衡状态，对自己近期的生活有所调整，并学习应对危机时有效的策略与健康的行为。

贝尔金等提出了 3 种基本的心理危机干预模式，即平衡模式、认知模式和心理社会转变模式。这 3 种模式为许多不同的危机干预策略和方法提供了基础，是危机干预中通用的模式。

1. 平衡模式

平衡模式，其实应称为平衡/失衡模式。危机中的人通常处于一种心理、认知、情绪乃至行为的失衡状态，在这种状态下，原有的应付机制和解决问题的方法不能满足他们的需要。危机干预的重点工作应该放在稳定受害者的情绪上，使他们重新获得危机前的平衡状态。平衡模式最适合于早期干预，这时人们失去了对自己的控制，分不清解决问题的方向且不能作出适当的选择。除非个人这时获得了一些应付的能力，否则主要精力应集中在稳定受害者的心理和情绪方面。在受害者重新达到了某种程度的稳定之前，不能采取也不应采取其他措施。

2. 认知模式

心理危机干预的认知模式基于这样一种认识：危机植根于对事件和围绕事件的境遇进行了错误思维，而不是事件本身或与事件、境遇有关的事实。该模式的基本原则是，通过改变思维方式，尤其是通过认识到其认知中的非理性和自我否定部分，获得强化思维中的理性和自强的成分，人们才能逐渐获得对自己生活中危机的控制。认知模式最适合于危机稳定下来并回到了接近危机前平衡状态的危机者。

3. 心理社会转变模式

心理社会转变模式认为人是遗传天赋和从特别的社会环境中学习的产物。因为人们总是在不断地变化、发展和成长，他们的社会环境和社会影响也总是在不断地变化，所以危机可能与内部和外部（心理的、社会的或环境的）困难有关。危机干预的目的在于与危机者合作，以测定与危机有关的内部和外部困难是什么，他们对此的反应及存在的问题，帮助他们选择替代现有行为态度和使用环境资源的方法；结合适当的内部应付方式、社会支持和环境资源，帮助他们获得对生活的自主控制。因此，心理社会转变模式不再把危机反应看作是一个单纯的内部状态，而是一个内外交互作用的结果。对危机的干预不仅需要考虑危机者的内部因素，也需要考虑他们的外部环境因素。所有这些内外因素构成一个复杂的社会系统，个体只有与系统相适应，或懂得这些系统的变化发展规律，才能持续性地解决危机。该模式最适用于已经稳定下来的危机者。

矿山救护指战员在救灾现场，对遇险人员及现场协助人员，适用于平衡模式干预，对指战员自身存在的心机危机，可先后采取平衡模式、认知模式进行危机干预。

第二节　事故现场伤员的心理援助

矿山发生事故后，现场的伤员刚刚经历了一场灾难，劫后余生，原有的平静心理被打破，在生理本能需要的驱使下，必然会产生高度惊恐与焦虑不安的心理状态，有的甚至导致急性应激障碍（ASD）。矿山救护队员如果能在对其身体急救的同时，给予伤员恰当的心理援助，会使伤员得到安慰，拥有一个积极的心态，能充分调动其身体内在的康复能力，增强机体的免疫力、抵抗力，从而减轻伤员的疼痛，保证伤员安全救出、安全送达医院。

一、伤员对事故的应激反应分析

应激反应是机体受到对其构成威胁的任何刺激（应激源）而发生的多种激素参与的全身反应，是机体对变化着的内外环境所作出的一种适应。在遭受突如其来的矿山事故时，现场的矿工除了有心悸、血压升高、呼吸加快、肌肉紧张等生理反应外，还会出现焦虑、恐惧、绝望，甚至可能出现妄想或轻度意识障碍等心理应激反应。

1. 生理应激反应

应激条件下机体的生理反应是机体对应激源的适应调整活动，一般经历 3 个阶段。

（1）警戒期。矿山事故发生时，机体在受到刺激的初期，首先可出现休克时相，有短暂的神经张力降低、肌张力降低、体温下降、血压下降、血糖下降、血容量减少、心跳加快；其次出现抗休克时相，血压与血糖升高、血容量恢复、体温回升、肾上腺素分泌增加、呼吸加快、中枢神经系统兴奋性升高、机体变得警觉、敏感等反应，从而为机体逃离危险做好准备。

（2）抵抗期。遭受事故后，依旧没脱离危险，如发生冒顶事故、突水事故被堵，发生煤与瓦斯突出事故被埋等情况，此时，机体通过警戒反应适应应激源，处于与应激源长期抗衡的状态，在神经、内分泌和免疫系统的协调下，人体各系统均处于动员状态，生理反应超过正常状态，机体能量被消耗。若危险没解除，应激源刺激持续存在，机体应激反应进入衰竭阶段。

（3）耗竭期。发生事故后，幸存者不能及时得到救助，不能及时脱离危险，机体用来对抗应激的能量已被耗竭，机体不再有可供动员的能量储备来对抗不良应激，则可导致心身疾病、严重的心理障碍或彻底崩溃，导致全身衰竭，直至死亡。

2. 心理应激反应

矿山突发事故可导致人惊慌、茫然不知所措、恐慌、焦虑、痛苦、悲伤、愤怒和抑郁等多种情绪反应。心理应激反应有3个典型阶段。

（1）第一阶段，惊慌失措。事故发生时，在毫无准备的情况下，大多数人的第一反应就是惊慌失措，不知如何面对这正在发生的一切。很多人除了惊慌失措之外，常伴有大声的哭喊，还有些人表现为“茫然”，对当前发生的一切麻木、淡漠、意识清晰度下降，不理会外界的刺激，僵在那里，呼之不应。这是由于突发的灾难触动了身体的自我保护机制，暂时将超载的信息阻隔在意识之外。

（2）第二阶段，灾难过后，由灾难继发一些应激源，如同事的丧失、自己身体的伤残、没彻底脱离危险等，会使幸存者或伤员出现焦虑、恐惧、愤怒、悲伤、痛苦、抑郁等情绪反应。

（3）第三阶段，伤员脱离危险，得到救治，表现为紧张和对矿山事故的理解与接受。

二、伤员常见的心理危机类型

遭受矿山灾难事故的伤员，常见的心理危机有急性应激障碍（ASD）和创伤后应激障碍（PTSD）。据统计，严重的灾害事件的幸存者中发生ASD的概率可高达50%以上。伤员出现心理危机的严重程度，是否会导致发病，与个体的性格特点、过去的经历、当时的处境、个体认知评价、应付危机的能力等因素有关。

1. 急性应激障碍

急性应激障碍（ASD）是由剧烈的、异乎寻常的精神刺激、生活事件或持续困境等因素引发的精神障碍。患者在受刺激后（1 h之内）即发病，表现有强烈恐惧体验的精神运动性兴奋，行为有一定的盲目性，或者为精神运动性抑制，甚至木僵。当应激源消失后，症状也随之消退，预后良好，完全缓解。若精神症状持续超过4周，应诊断为创伤后应激障碍（PTSD）。

2. 创伤后应激障碍

个体对异乎寻常的、威胁性的、灾难性的生活事件的延迟出现和（或）持续存在的反应状态称为创伤后应激障碍（PTSD），这些引起创伤后应激的生活事件又称为创伤性事件，它包括了个体性事件如被侮辱、被强奸、被隔绝、性虐待；严重的自然灾害如地震、洪水、火灾；人为的灾难如遭受战争、社会动荡等事件。个体遭受到这类生活事件数日至数月后（潜伏期），延迟出现、反复重现创伤性体验，持续的警觉性增高和持续的回避。因此，又称之延迟性应激障碍或延迟性心因反应。

三、心理援助方法

1. 确保安全感

对刚刚经历了矿山事故、绝处逢生的伤员来说，安全感是第一位的。

（1）要及时将伤员从危险环境中救出来，运至安全地点，并用简洁的语言告知伤员，顶板完好，空气新鲜，事情已经过去了，你现在是绝对安全的，请他放心。

（2）热情稳重、言简意赅地介绍自己，让伤员信任自己。可告诉伤员，自己是专门从事救人的救护队员，会一直全程陪护升井，一步不离其左右，并亲手将伤员转交到地面井口停放的120救护车上的医生与护士，然后送往医院进行专门救治。

（3）立即对伤员进行身体检查，有出血的立即止血，骨折的立即固定，以减轻疼痛。伤员从救护队员救治、搬运及伤情处置中，能感觉救护队员的专业技术及职业道德，从而获得安全感。

（4）对于依旧被堵、不能立即出来但能通话联系的人员，如水灾或冒顶中被堵人员，可告知他们正全方位组织力量进行全力营救，并通报进度情况，特别是救援力量大小、上级领导的重视等，如有可能，可由家属直接与其通话进行安慰。

2. 镇定与耐心

面对恐惧、焦急的伤员，千万不能自乱阵脚，否则，不良的情绪将得到传染与放大。

（1）动作要快而不乱，说话平稳，语调要坚定，处处表现出来沉着，一切尽在掌握之中，给伤员以信心与心理上的依赖。千万不要显露出对伤员伤势的胆怯和畏缩，无论伤情如何，或愈后如何，都应给予肯定性的保证、支持与鼓励。

（2）与伤员语言交流中，应以亲切柔和的语调，即使对失去知觉的伤员也应如此，绝对不许有斥责之声。

（3）如果伤员愿意交谈，要注意聆听，要有耐心，不可心不在焉，不可应付与敷衍，要让伤员感觉到自己受到重视，要充分肯定和认可伤员。要给予伤员坚定有力、不容怀疑的解释，打消伤员的顾虑。

3. 给予实际的帮助

从最紧迫的需要着手，给伤员提供实际帮助。

（1）对于被堵时间较长的伤员，可提供水和食物，甚至给以纯氧吸入。

（2）如果伤员需要，尽可能提供事故的正面信息，如事故已结束，危险解除，或帮其联系家人，告知安全。

（3）帮伤员寻找合适、舒服的体位，呵护好伤员，如放松过紧的衣服，盖上保温毯保温。

（4）及时组织力量，搬运升井，交由专业医护人员治疗。因调度车辆、组织人员而不能迅速起程时，要告知伤员实情及进度，使其安心。

4. 稳定情绪

各种各样的不良情绪在事故后都有可能出现，在现场救助时，要想尽办法使伤员恢复平静。

（1）留意伤员有情绪崩溃的迹象时，可教其用深呼吸、肌肉放松等简单方法，使之心情逐渐平静。

（2）让伤员理解这些不良情绪，告知这些都是普通人在经历事故时会出现的情绪，放松他们的压力，并接受、适应这些不良情绪。

（3）若出现极端情绪或精神错乱等情况，或致急性应激障碍（ASD）发生，可现场采用暴露疗法，或辅助药物治疗，如镇定药等。

2021年×月×日，某矿煤与瓦斯突出事故中的幸存者，被救出后，因受强烈的刺激而致急性应激障碍（ASD），现场表现为躁动不安、兴奋、自言自语、哭泣，期间，专门安排两名救护队员看管、安抚。首先清理其口鼻里的煤灰，然后松其腰带、上衣领口扣子，脱其胶鞋，保证其呼吸顺畅。在用矿车运其升井途中，两名队员先坐车上，然后抱着伤员安放到两名队员腿上躺下，其中一名队员全程负责轻搂其肩膀，并一直告知，已经安全了，正由救护大队护送升井，交井口等候的120救护车。该伤员入院后，表现木僵，表情呆滞，治疗约3周后恢复。

事故现场心理援助，对刚从死神手中拉回的伤员来说，是至关重要的，在第一时间给予伤员心理安慰和适当的引导，能使伤员拥有积极的心态，从而激发出身体的一些潜能，在信念的支撑下战胜伤痛，可有效地减低死亡率与伤残率。

第三节　救灾现场协助人员的心理援助

矿山救护队在进行抢险救灾时，现场有时需要协助人员。比如，需要事故矿方人员保障灾区用水用电；开动设备；帮助清理、转运堆积的煤炭淤泥；需要警察、武保人员保护现场，维持秩序，禁止无关人员进入等，防止干扰救灾。协助人员在看到惨烈事故场面时容易受其刺激，或受伤员情绪感染，或对事故情况掌握不明、不清，过重或过轻看待险情及其危害，易产生紧张、恐惧、焦虑等不良情绪，影响工作绩效，影响心理健康。矿山救护指战员应为协助人员提供力所能及的心理援助，稳定其情绪，以便共同努力，完成抢险救灾任务。

一、协助人员的应激反应

矿山抢险救灾时，协助人员一般来自事故矿方，本来已受到事故灾难的影响，心理已受到冲击，又接受抢险救援任务，直接到达事故现场，面对遇难的同事，甚至自身安全也会受到威胁；作为维持秩序的警察、武保人员，可能会受到遇难者家属的干扰，或对事故认识的不确定性，所以救援协助人员在现场可能会出现一些应激反应，如恐惧、自怜、悲观等。这些反应都是正常的。协助人员现场应激反应大致可分为5种。

1. 情绪上的反应

首先，应急任务危险性带来的不安全感，害怕、恐惧等；其次，巨大的灾难所造成的严重后果，对救援协助人员产生紧张感；再次，在巨大的矿难面前个人能力显得很渺小，抗争也显得无力，因此容易产生抑郁情绪，悲观、麻木、焦虑等；第四，当看到遇难者遗体、伤者惨状，心生恐惧，有时出现厌恶，甚至崩溃。如某矿发生煤与瓦斯突出事故，遇难7人，矿山救护队监护，由矿方人员协助清理突出煤炭，一清出遇难者遗体，协助人员发出惊叫，然后一哄而散。

2. 行为上的反应

主要表现在事故现场工作不主动积极，退缩、逃避，对人冷漠，重复性动作增多，注意力不集中等；个别人还会出现不自主地骂人，或不听指挥、好顶撞他人的现象。如某市一国道发生一起甲醇运输车翻车事故，甲醇外溢，现场矿山救护队员、消防队员正收集、掩埋溢出的甲醇液体，负责警戒的一警察失控喊叫、辱骂起来。经了解，他听说甲醇有毒，但上级并没有配发防毒面罩，是让他送命来了，因而不满、愤怒。

3. 认知上的反应

主要表现在感觉迟钝或过敏，大脑反应迟钝，注意力难集中，操作失误增多，有自怜、不幸感、无能为力感等。现场稍有风吹草动，即如惊弓之鸟，不能正确决断。如某矿发生透水事故，13 人失踪，在后期处理中，由某救护队负责监护，矿方人员近百人正在清理淤泥、修复巷道、搜索人员，突然矿方有一人喊“透水了”，于是，近百名的矿方人员立即向外跑去，造成人员拥堵，差点酿成二次事故。

4. 生理上的反应

集中表现在容易疲倦，血压升高、呼吸急促、窒息感、手足发凉、发抖或麻木等。

5. 社会功能减退

在现场，不愿意与人交流，有意回避，工作效率下降明显或消极怠工，不能理智对待遇难者家属的过激言行，有的是被动挨打，有的与遇难者家属发生冲突，造成不良社会影响，同时，也进一步加重协助人员的消极应激反应，甚至造成心理创伤。如某村办煤矿发生煤与瓦斯突出后引发瓦斯爆炸，遇难者家属烧毁一部矿山救护车后，又围攻指挥部，打伤多人，打晕一负责保卫的武警战士。

二、协助人员的心理援助

事故现场，直接救援人员与协助人员目标一致，只有团结一心，相互配合，才能顺利完成救灾任务。矿山救护指战员应从专业角度解释事故发生、发展的趋势，指导协助人员做好自身防护，给予恰当的心理援助。

1. 提供正向引导

协助人员在面对各种伤员，特别是面容“狰狞”的遇难者时，会受到强大的心理冲击，产生强烈的情感波动，矿山救护指战员可以正向引导，比如这样告诉他们，我们正从事的救灾工作，是慰藉生者，告慰死者的高尚工作，死者亡灵一定会在天上感谢我们，甚至保护着我们，“救人一命，胜造七级浮屠”，如此等等。还有，我们这样的工作是艰险的，也是伟大的，是积德的工作等。协助人员的心里会得到安慰，恐惧程度会降低，并且增加勇气和责任感。

2. 尽量避免协助人员接触血腥场面，减少刺激

事故现场一旦发现遗体、伤员，应主动请求协助人员回避；在清理、初步处置好遗体后，如用高度数白酒消毒去味、用风筒或白布包裹、覆盖，运出；对于伤者，止血、包扎、固定，运出；之后再请协助人员进入从事清煤、通风或开动设备等协助工作，以减少对协助人员的刺激。

3. 告知事故现场情况，增加安全感

协助人员属非专业的救援人员，对事故本身性质、发生发展规律及危害，可能并不能全面把握，故心生恐惧，需要矿山救护指战员主动告知，打消其顾虑，增加其安全感。如上述的甲醇泄漏、警察失控事件，后经解释，警察在上风侧警戒，且有环保检测部门人员随时检测，其所处位置甲醇浓度很低，远远低于国家规定的限制浓度，且甲醇属低毒性物质，对其没影响。该警察情绪稳定下来，并坚守着工作岗位。

4. 确保协助人员安全

（1）严禁要求协助人员进入灾区环境，督导其严格遵守规定，不得违章作业，必须佩戴压缩氧自救器进入临时工作场所，确保协助人员的人身安全。

（2）矿山救护队应安排专人时刻检测、监护协助人员所处环境的安全情况，包括顶板、气体浓度，一旦发现危险，立即组织协助人员撤离。矿山救护队监护人员应主动安慰协助人员，强调自己的职责就是保证他们的安全，确保万无一失。如有可能，给予一定的心理支持、心理安慰，如一句温暖的话，一个搀扶动作，或聊一些轻松的话题，均可以缓解其压抑。

矿山救护指战员在事故现场，对协助人员提供心理援助，缓解、消除其紧张、恐惧心理，有利于协助人员心理健康，更有利于配合矿山救护队安全、快速处理事故。

第四节 矿山救护指战员的心理干预

矿山救护队是专职处理矿山事故的队伍，在事故处理中，面对高温、浓烟、顶板不稳定、狭小的活动空间及有毒有害气体超限等不安全情况，受爆炸、倒塌、中毒等危险威胁，面对遇难者惨烈遗体、伤员的不良情绪感染，不明真相的遇难者家属谩骂攻击，特别是处理矿山救护指战员自身伤亡事故时，指战员可能会表现出高度紧张、苦恼、焦虑、愤怒等，个人无法应对、解决，自己的稳定状态被打破，即产生了心理危机。

一、事故现场的心理危机干预

发生事故后，矿山救护队第一时间冲到事故现场，面对惨状，指战员有震惊、恐惧、悲伤等反应，但是，必须快速处理好自己不良情绪，压抑着自己的情感，投入抢险救灾中，包括对伤员的救助、心理安抚，对死者的处置。

1. 积极的自我暗示

对自己进行积极鼓励，如告知自己，我是支柱，精神上不能倒下，我一倒下，伤员就全倒了；对自己进行积极暗示，如我是告慰亡灵的，是挽救人生命的，减小人伤残的，降低人痛苦的，是做功德无量的事儿，或者人死如灯灭，我只需尊重躯体，死人不可怕。通过自我鼓励、自我暗示，以减轻恐惧、焦虑。

2. 深呼吸放松

在感觉极度恐慌、焦虑时，可短暂停止工作，站直身体，放松肌肉，闭上眼睛，进行深呼吸，感觉自己的呼吸气流，感觉自己所佩用氧气呼吸器细微的供气声音，可以有效缓解自己不良情绪与反应。

3. 应用积极的心理防御机制

（1）理智化。以抽象、理智的方式对待当前紧张、恐怖的情境，借以将自己超然于情绪困扰之外。对于眼前的情境，可当成自己作为矿山救护指战员不可缺少的、必须经历的经历，是成长必经之路。

（2）升华。将不良情绪，如恐慌、焦虑，导向到对遇险遇难人员积极处置工作上。

4. 保持密切联系与交流

（1）带队的中队长、小队长，要时刻关注队员的情绪，及时给予鼓励与指导，有时一句温暖的话，一个小动作，比如拍一下肩膀，就能安抚人心。

（2）严禁指战员单独行动，并使队员保持在彼此能看到的或能听到说话声音的范围以内，以便于随时交流及发现队员的异常表现。

（3）视队员情绪与反应，适时调整工作分工。发现反应激烈的队员，可临时调整从事远离遗体或伤员的辅助性工作，并注意新、老队员的搭配。

（4）在进入灾区前，带队的指挥员应做好战前动员，多给队员鼓励与信心，并告知灾区可能的情况，让指战员提前做好心理准备。

5. 准备好隔离物品，减小不良影响

在处理遇难者遗体或救治伤员时，进入前要准备好高度数白酒、毛毯、风筒布或白布。对伤员，有大出血的要及时止血，有内容物由伤口外露的，要用湿敷料卷或用矿帽、杯子将伤口和外露的器官扣住保护好，在其外再进行包扎，有断掉的肢体，要随伤员一同放到担架上，并按规定用毛毯覆盖保暖运出；发现遗体后，要在遗体周围喷洒高度数白酒，消毒，掩盖气味，然后用风筒布或白布盖上，运出。

6. 安排好休息，提供充足的饮食

（1）佩用氧气呼吸器的人员工作 1 个呼吸器班（4 h）后，应至少休息 6 h。但在后续救护队未到达而急需抢救人员的情况下，指挥员应根据队员体质情况，在补充氧气、更换药品和降温器并校验呼吸器合格后，方可派救护队员重新投入救护工作。

（2）矿难发生后，所有人忙于应对事故，拯救人员，往往疏忽或不重视矿山救护队的饮食与临时休息，造成救护指战员体力得不到恢复，疲惫，甚至连续作战，从而严重削弱了指战员心理应对能力。矿山救护队领导要积极协调，为指战员提供充足的饮食及舒适的休整场所。

二、事故处理结束后的心理危机干预

矿山救护指战员是典型的情绪劳动者，在事故处理中，高强度的情绪劳动可能会产生心理枯竭等不良后果；在目睹事故现场惨状、参与处理后，也可能会产生心中阴影，或触发反应引起事故重现，或替代性创伤，有内疚心理产生，严重的甚至导致急性应激障碍（ASD），进而发展成为创伤后应激障碍（PTSD）。

1. 心理危机的具体表现

（1）心理枯竭。心理枯竭是一种在工作重压下身心俱疲、厌弃工作的感受，是一种身心能量被工作耗尽的感觉。心理枯竭包括情绪耗竭、去人性化及失效。情绪耗竭是指工作热情完全丧失，情感资源像干涸了一样，指战员不能像原来那样对他人倾注感情；去人性化是对他人再无同情心可言，甚至冷嘲热讽，把人当作一件无生命的物体看待；失效是在工作中体会不到成就感，积极性丧失，不再付出努力。

（2）替代性创伤。替代性创伤简称VT，最初是指专业心理治疗者，因长期接触患者，受到了咨询关系的互动影响，而出现了类似病症的现象，即治疗者本人的心理也受到了创伤。后来是指在目击大量残忍、破坏性场景之后，损害程度超过部分人群的心理和情绪的耐受极限，间接导致的各种心理异常现象。这些异常现象，通常都是出于对生还者及其创伤的同情和共情，而使自己出现严重的身心困扰，甚至精神崩溃。替代性创伤的主要症状表现：厌食，易疲劳，体能下降，睡眠障碍（难以入睡、易惊醒），做噩梦，易激动或易发怒、容易受惊吓，注意力不集中；对自己所经历事故场面感到麻木、恐惧、绝望，并伴有创伤反应与人际冲突。

（3）重现。对矿山救护指战员来说，灾难事故的直接影响就是灾难情境在头脑中重复浮现。这些闪电式的追忆可能是某一特殊时刻的重现，或当前某一状况或事件与灾难爆发时的情境相吻合而产生的重现，即触发反应。这种重现会使指战员重新产生他曾经经历的过度紧张感觉，使人紧张，感到压力重重或有挫折感。

（4）心中阴影。面对面目“狰狞”的遗体，耳边充斥着伤员的哭喊，加上长时间的超负荷工作，矿山救护指战员会不同程度地产生一定的心理问题。矿难惨状已成为部分指战员心中抹不去的阴影，直接或间接地影响和干扰了正常的救援工作及日后的训练和生活。

（5）内疚。个体认为自己对实际的或者想象的罪行或过失负有责任，从而产生强烈的不安、羞愧和负罪的情绪体验。事故处理后，矿山救护指战员的内疚，是想象自己在事故处理过程中的不够努力，如速度应该快一些，应该这样救治，伤员就不会失去生命，如果这么样，就能救治更多的遇险者等，想象自己对遇难者死亡负有责任，因而产生内疚。过多的内疚感会使指战员长期生活在压力、紧张和痛苦中，不利于身心健康。

2. 危机干预具体方法

（1）每次事故处理当班结束，中队长、小队长要召开座谈会，互相畅谈，互相沟通交流，每人均可发言，说说在救援中对自己影响最大的场景，包括所见所闻所感，重点表述自己内心的感受，不管是恐惧、害怕、焦虑，都当面说出来。这相当于打包技术，说出来，抛出来，从大脑中消失掉。鼓励指战员将自己的感受写出来，写进日记本，存起来，这样可以从一定程度上消除或缓解危机。

（2）事故处理结束后，不要立即转入正常的训练，给指战员一段自由活动的时间，可从事一些集体的娱乐项目，如打乒乓球、篮球，放松身心，缓解心理上的压力。

（3）多进行一些放松训练，如呼吸放松、肌肉放松，以保持情绪稳定。

（4）寻求社会支持。多与朋友、家人交流，宣泄不良情绪；如感觉自己调整不过来，可寻求专业的心理咨询和治疗。

（5）矿山救护队可开展指战员心理素质训练，提升心理承受能力。

在事故处理后，及时采取措施，对矿山救护指战员进行心理危机干预，以保障指战员的身心健康，尽早投入日常学习与训练之中。最根本的措施，是加强对矿山救护指战员的心理训练，增加其心理承受能力，以应对各种灾难场面，确保抢险救灾的顺利、快捷、安全进行。

第五章　矿山救护队心理素质及心理训练

矿山救护队作为一支特殊的队伍，担负着保护国家财产和矿工生命安全的重任。由于各种矿难事件具有突发性、危害性，导致救护指战员在矿难情境中失控、失能，严重影响矿山救援效率。因此，提高矿山救护队伍的综合素质，把矿山救援队伍建设成为一个训练有素、作风过硬、战斗力出色的队伍，是矿山救援工作的目标和重心。对于矿山救护指战员来说，心理素质的高低直接影响其作战的安全性。在应急状态下，绝大部分指战员都会产生不稳定的心理因素，进而影响救援工作的开展，甚至造成自身伤亡。基于此，在日常训练中，需要做好矿山救护指战员心理训练，促使其提升心理素质。

第一节　矿山救护队心理素质

近年来，矿山整体安全形势明显好转，矿井安全事故大大减少，矿山救护队出动的机会相应减少，这种情况下矿山救护指战员实战的机会也较少。未经过实战锻炼，造成很多队员特别是年轻的新队员心理素质较差，经常出现恐惧、胆怯心理，导致事故救援效果不佳，有时还发生指战员自身伤亡事故。

一、心理素质的含义

心理素质是指个体在成长与发展过程中形成的比较稳定的心理机能，是心理品质和心理能力的统一体。

首先，心理素质是心理诸要素的发展水平，内含心理品质和心理能力两个方面。换句话来说，心理素质是个体智力因素水平和非智力因素品质的统称。实际上，心理品质可以理解为非智力因素，一般包括情感、意志、气质、性格、兴趣、动机、自我意识、价值观等因素；而心理能力主要是指个体在心理活动过程中所表现出来的智力水平，一般包括注意力、观察力、记忆力、想象力、思维力等因素。非智力因素还可以表述为人格因素，其中内含人格的个性化心理品质和人格的社会化规范要求两个方面，前者是指个体的气质、性格、兴趣、意志、动机等，后者是指个体的理想信念、道德观念、法纪意识等。

其次，心理素质的提升是一个动态的不断养成的过程。个体现有的心理素质是在一定的先天遗传的基础上，在后天不断的人生经历和生活阅历中养成的心理积淀。喜、怒、哀、乐，成功与失败，过去的主要事件都作为经历、经验和教训，在个体的心理中或多或少地留下了一定的印迹。与此同时，未来的学习、教育和生活经历仍将会继续改变心理素质。

最后，心理素质与遗传有关，并具有相对的稳定性。无论是心理品质还是心理能力，都或多或少与遗传有关，因为都继承着一些与父母相同的基因。此外，带有一定遗传特征的心理素质，在一定的时空条件下也有相对的稳定性。也就是说，一定的心理素质一旦形成，不是短时间内通过自身努力就可以迅速改变的。

二、心理素质的评判

一个人心理素质的高低，实际上是指其心理健康水平的高低。心理健康水平越高，其心理素质也就越高；反之亦然。心理健康和心理不健康是相对的，绝大多数人的心理素质是处于健康与异常之间，绝对的心理健康者是没有的，绝对的心理异常者也只是极少数。

评判一个人心理素质的好坏，一般有以下几个指标：

（1）智力水平。智力是人们利用经验和阅历解决问题的智慧和能力，主要包括观察力、记忆力、思维力、想象力、判断力以及分析能力、表达能力等。值得注意的是，智力一般随年龄的增长而增长，但进入老年后，智力会逐渐衰退。

（2）情绪状态。在常态下,一个人的情绪基调应该是稳定而愉快的。当一个人遇到一定强度的外界刺激后,也应该有一定的情绪反应,只不过反应的时间和强度要适度,性质要与之相对应。一般来说,心理素质好的人,一样会有喜、怒、哀、乐,只不过当外界刺激消失之后很快能通过自我心理调节恢复常态。如果一个人生活总是郁郁寡欢,喜怒无常,遭遇挫折后就一蹶不振,显然其心理素质有问题。

（3）意志力。意志力主要表现为人们行动的自觉性、果断性和顽强性。意志力好的人，在行动中一般有明确的目的性和较高的自觉性，善于果断做出决定和执行决定，做事有恒心、有毅力，能坚持不懈地朝着既定的正确目标迈进；相反，意志力薄弱者时常表现为无所适从、随波逐流，优柔寡断、鲁莽草率，虎头蛇尾、功亏一篑等。

（4）自我意识水平。自我意识是关于自我的认知与接纳，其中包括自知、自爱两方面。自知是对自己的全面认识和正确评价，是个体面对生活、面向未来所做的一切决策、决定的基点。有道是“人贵有自知之明”。不自量力，狂妄自大，人生中必然会经常遭遇挫折，因而也会影响到自身的心理素质；反之，过分谦虚，妄自菲薄，必然会影响自身潜能的发挥和人生的成就水平，同样也会影响其心理素质。自爱，即是对自己的接纳、喜爱和尊重。自知之后必须要自爱，要接纳自己的独一无二的现实存在，不跟自己过不去，相信“天生我材必有用”。不自爱者，在现实生活中也很难赢得别人的关爱，最终往往是走向心灵的沼泽，走向荒漠，走向自残。

（5）人际关系状况。人是社会的人，人生活在社会中有安全、归属、爱和尊重等多种需要，而这一切需要的满足都是靠良好的人际关系来维系。人与人之间的交往，不只是为了学习技能和获取物质上的支持和帮助，更为重要的是通过交往与交流宣泄内心积郁，获得心理上的慰藉、支持和激励。一个人有良好的人际关系，必然会赢得良好的心理成长环境，因而也必将促进其心理素质的提高。换句话说，一个人际关系不好的人，其心理素质的发展也必将受到阻碍。

（6）社会适应情况。人的成长与心理上的成熟，必然伴随着人的社会化过程。人只有首先社会化，才有可能个性化。因为社会化是个性化的前提和条件，人通过社会化为自身创造出更好的自由发展空间。人的社会化，首先，要求个体对现实社会的适应，承认现实社会存在的合理性，注视这个世界的本来面目，并爱这个世界；其次，要求个体敢于正视现实世界中存在的问题和现实社会给自己带来的种种冲突和挫折，以积极的心态应对挑战，始终微笑地投入到学习、生活和工作之中。显然，个体的社会适应情况是评判其心理素质状况的重要指标。

三、矿山救护指战员的心理素质标准

1. 马斯洛良好心理素质10条标准

美国心理学家马斯洛（Maslow）提出了良好心理素质的10条标准：①有充

分的安全感；②对自己有较充分的了解，并能恰当地评价自己的能力；③自己的生活理想和目标切合实际；④与周围环境保持良好的接触；⑤保持自身人格的完整与和谐；⑥具备从经验中学习的能力；⑦保持良好的人际关系；⑧能适度地表达和控制自己的情绪；⑨个性的发挥符合社会或团体的要求；⑩在社会规范允许的范围内适度地满足个人的需要。

2. 矿山救护指战员良好心理素质标准

依据心理素质的内容及马斯洛提出的良好心理素质的10条标准，参考军人良好心理素质结构，结合矿山救护队工作性质及职业特点，矿山救护指战员心理素质应符合以下要求：

（1）聪慧。聪慧代表着良好的智力水平，包括判断、决策、应变3个因子，反映了矿山救护指战员认知特性的特征，也突出了矿山救护工作的要求和特点。

（2）忠诚。忠诚主要体现了矿山救护指战员的价值观，包括爱国、奉献、责任3个因子，是个性特征，是矿山救护指战员心理素质中的动力系统。只有具有高尚的价值观，才能驱使矿山救护指战员自觉、主动维持自己的行为，献身于救护事业；才能提高学习、训练的积极性；才能克服抢险救灾时的千辛万苦、种种威胁，抢救人民生命和国家财产。

（3）勇敢。勇敢是意志品质特征，也是矿山救护指战员突出的一项心理品质，包括果断、坚定、顽强3个因子。矿山救护工作具有紧迫性和危险性，矿山救护指战员只有不怕危险，勇敢向前，克服一切困难，不放弃，才能有效、及时拯救生命，最大限度地降低灾难造成的损失。

（4）自信。自信是对自己充分肯定时的心理态度，是战胜困难取得成功的积极力量。自信包括沉着、独立、乐群3个因子，影响着指战员在矿山救护工作中的努力程度及在工作中面临困难、挫折、失败及危险时对工作的持久力与耐力。具备沉着的品质，才能处变不惊，冷静镇定；具有独立性，才能相信自己可以应对各种困难。自信的人，乐于与别人建立和谐的人际关系，乐群也是自信的行为表现之一。

（5）耐挫。耐挫是挫折耐受力的简称，是衡量心理素质水平高低的标志。高强度的体能训练，艰苦的救援环境，惨烈的事故现场，处处存在的安全威胁，使得矿山救护指战员心身负荷大，负性心理反应多，需要承受比普通人或其他职业人员大得多的压力。挫折耐受力是心理素质在面对压力、挫折、逆境、困难、灾难、突发事件等特殊情景下的一种体现。心理适应、心理承受、心理调节是耐挫的 3 种基本心理品质。

四、良好心理素质对矿山救护队的作用

（1）增强指战员对环境的适应能力。矿山救护工作要面临矿井各种火灾、水灾、爆炸等情境，其复杂性、艰苦性及危险性考验着矿山救护指战员的生理及心理素质，而良好的心理素质能够使指战员适应各种复杂的情境，有效展开救助工作。

（2）增强个人的心理承受能力。矿山救护指战员的生理及心理负荷大，超出普通人许多，极易出现痛苦、紧张、自责、丧失信心等负面心理状态。当面对一些不可控的压力或者精神刺激时，良好的心理素质能够增强指战员面对各种不良心理的承受能力，增强指战员的自尊、自信心。

（3）提高指战员的自我控制和调节能力。当指战员出现不良心理状况时，可以有效进行自我调节，摆脱负面情绪带来的不良后果。

（4）提高抢险救灾的效率，减少救护指战员的自身伤亡。良好的心理素质在矿山救护队抢险救灾时发挥着重要作用，可以有效控制由于不良心理给救护指战员造成的自身伤亡事故，提高救灾效率。

第二节　矿山救护队心理训练

矿山救护队开展心理训练的目的，就是提升指战员的心理素质，使之达到聪慧、忠诚、勇敢、自信、耐挫，特别是耐挫，保证面对困难、艰辛、危险、挫折或突发事故时，能坦然面对，沉着冷静，有条不紊地开展救助、处置，达到绩效最大化，同时，保证自身安全与身心健康。

一、心理训练的含义

心理训练是指采用专门仪器、动作等心理学手段，对训练对象进行有意识地影响，使其心理状态发生变化，以达到最适宜强度、最佳状态，满足提高作业成效、增强身心健康需要的训练。

心理训练是一种要求个人充分发挥自主性的自我改变历程。通过训练，个人对自己有更真实的了解、更恰当的引导和更主动的控制，也就是让一个人自己掌

握自己，而不是被环境、习惯和以往经验所控制。

心理训练的前提是将人视为正常人，将出现心理问题的原因归结于某些心理机能不足。训练目标是强化人的某些心理机能，使其变得更强大。

心理训练是用实际操作帮助人们改变自己。

二、心理训练的原则

1. 特殊情境原则

一定的心理素质只能在一定的情境下体现出来，训练情境与真实情境越接近越好。所以，在进行心理训练时，要想办法营造与实际相近的情境，如模拟火灾时，一般在温度高于 50 ℃、能见度低于 0.5 m 的演习巷道中进行，指战员拉检力器、锯木段，并进行仪器操作训练。人的心理活动与情境高度契合，指战员经过演习或训练后，慢慢适应了与灾难近似的情境，那么在处理灾难时，同样也能适应真正的灾难情境，能够保持镇定，从容面对。

2. 体验原则

体验原则即通过实际体验来进行训练，让指战员去直接体验。只有实际体验才能直接刺激感知觉、形成表象、激发情绪和产生行为。

3. 主动性原则

训练有没有效果，关键在于训练者自己的主动性，自己不动起来就没有任何效果。

4. 超负荷原则

训练中的心理负荷，只有超越个人平时承受的负荷才有价值。

三、矿山救护队心理训练主要方法

矿山救援队伍是一支处理矿山灾害事故的专业化队伍，依据其职业性质，借鉴心理治疗、心理咨询相关技术，参考军人、运动员心理训练方法，按照一定原则，选择适合矿山救护队使用的心理训练方法。

1. 心理训练方法选用原则

（1）简便易学，便于操作。因矿山救护队没有专业从事心理方面工作人员，故所选方法，不需要心理专业人员参与，或经心理专业人员指导，矿山救护指战员可以自己使用、操作，可广泛推广应用。

（2）以防为主。心理治疗或心理咨询，是对有心理障碍的患者实施的技术，矿山救护队使用的心理训练，是将心理治疗或心理咨询对心理障碍的患者实施的技术，移植到矿山救护指战员心理素质上，特别是耐挫上，是将事后治疗变为事先预防。

（3）定位准确。矿山救护队心理训练，只是借鉴心理治疗、心理咨询的相关技术或手段，用以提升矿山救护指战员的心理素质，而不是开展心理治疗或心理咨询。但对已出现心理障碍的指战员，要找专业人士咨询或治疗。

（4）心理训练要结合矿山救护指战员工作实际。要将心理训练融入指战员日常学习、训练及考核评比之中。因矿山救护队需要 24 h 值勤，不能离开工作地点，不具备组织参与拓展训练、野外团队训练的条件，故心理训练方法，要充分利用矿山救护队现有条件，如高温演习硐室、高空训练器材。

2. 心理训练主要方法的确定

应用上述原则，经分析对比，确定矿山救护队心理训练的主要方法，包括认知调整技术、支持性心理治疗技术、放松训练、疏泄训练、暗示训练、冲击训练及系统脱敏训练。

（1）认知调整技术。借鉴合理情绪疗法，主动或引导调整指战员的错误认知，避免或减轻因不合理思维、不合理信念而引起的情绪困扰乃至障碍。

（2）支持性心理治疗技术。借鉴支持性心理治疗的原理、基本方法与手段，对有不良情绪的救护指战员，进行理解、同情、安慰、支持、肯定、鼓励、赞赏，使其调整好心态，促进身心康复。

（3）暗示训练。利用暗示技术，调节自己或他人的心境、情绪、意志和信心等，以保持积极向上的精神状态。

（4）疏泄训练。通过一定的方法和措施，宣泄不良心理能量，使人从苦恼、郁结的消极心理中得以解脱，尽快地恢复心理平衡。

（5）放松训练。通过放松肌肉，间接地使主观体验松弛下来，建立轻松的心情状态，从而缓解紧张、焦虑情绪等。

（6）冲击训练。冲击训练是让训练者暴露在使其产生强烈恐惧或焦虑情绪的刺激情境中，最后适应刺激情境的训练。

（7）系统脱敏训练。系统脱敏训练是放松训练与冲击训练的有机结合，先进行放松训练，在放松状态下与引起个体焦虑或恐怖的刺激物结合，从而消除过敏反应。

第三节　认知调整技术

认知调整技术来源于心理咨询中的合理情绪疗法（RED）。矿山救护指战员平时学会合理思维，建立合理的信念，可以有效避免因不合理思维、不合理信念而引起的情绪困扰乃至障碍。

一、合理情绪疗法（RED）的基本理论

合理情绪疗法由美国著名心理学家埃利斯（A. Ellis）于20世纪50年代创立，其理论认为引起人们情绪困扰的并不是外界发生的诱发性事件，而是人们对事件的态度、看法、评价等认知内容，因此要改变情绪困扰不是致力于改变外界事件，而是应该改变认知，通过改变认知，进而改变情绪。他认为外界诱发事件是A（Activating events），人们的认知是B（Beliefs），情绪和行为反应为C（Consequences），通常人们认为人的情绪及行为反应是直接由诱发事件A引起的，即A引起C，但RED指出，诱发事件A只是引起情绪及行为反应的间接原因，而人们对诱发事件所持有的信念、看法、解释B才是引起人的情绪及行为反应的更直接的原因，故又称为ABC理论。

抑郁、焦虑、沮丧等情绪结果并不是由所发生的事件直接引起的，而是由想法、信念所产生的。故需要从认知出发，调整认知，改变错误的认知方式，包括不合理的或非理性信念和认知过程的歪曲，从而避免不良情绪的产生，或及时克服已经出现的情绪问题。

二、认知及其特点

1. 认知的含义

认知也称认识，是指人认识外界事物的过程，或者说是对作用于人的感觉器官的外界事物进行信息加工的过程，包括感觉、知觉、记忆、思维等心理现象。

人们通过各个感觉器官认识了作用于他的事物的一个个属性，产生了感觉；人们又能把各种感觉结合起来，产生对事物整体的认识，这就是知觉。感觉和知觉都是对事物外部现象的认识，属于感性认识阶段。

人们通过感知觉所获得的知识经验，在外部事物停止作用之后，并没有马上消失，它还保留在人们的头脑中，并在需要时能再现出来。这种积累和保存个体经验的心理过程，就叫记忆。

人不仅能直接感知个别、具体的事物，认识事物的表面联系和关系，还能运用头脑中已有的知识和经验去间接、概括地认识事物，揭露事物的本质及其内在的联系和规律，形成对事物的概念，进行推理和判断，解决面临的各种各样的问题，这就是思维，达到理性认识。

人们还能利用语言把自己思维活动的结果、认识活动的成果与别人进行交流，接受别人的经验，这就是语言活动。

人们还具有想象的活动，这是凭借在头脑中保存的具体形象来进行的。

2. 认知的特点

认知过程具有多维性、相对性、联想性、发展性和定势性等特点。

（1）认知的多维性。从不同角度看同一事物会有不同的认识，个体认知的产生总有一定的局限性和片面性，要真正认识事物的全貌和本质，必须考虑事物的整体性与多维性。

（2）认知的相对性。世界上本来就没有绝对的东西，因此人的认识也做不到绝对化，可事实上很多人有这种倾向。“事物都是一分为二的”“塞翁失马，焉知非福”，只有相对地看问题，才能避免很多尴尬和不必要困惑的产生。

（3）认知的联想性。人的知识结构、经济文化背景、生活经历、周围环境、个体需要等因素无一不与人的认知有关，影响着人的认知。

（4）认知的发展性。世界上的任何事物都是发展的、变化的，当然人的认识也是如此。

（5）认知的定势性。人们先前的心理准备状态对后来心理活动的影响。

三、错误的认知方式

错误的认知方式包括不合理或非理性信念和认知过程的歪曲。

（一）不合理或非理性信念

人的大部分情绪困扰和心理问题都来自于不合理或不合逻辑的思考，即不合理的信念或思考。如果这种状态长期持续下去，则会导致人们处于不良的情绪状态之中，最终导致情绪障碍或人格障碍的产生或加剧。

1. 不合理或非理性信念的种类

心理学家埃利斯列举出了常见的非理性信念，有 10 种。

（1）人应该得到生活中所有对自己是重要的人的喜爱和赞许。

（2）有价值的人应该在各方面都比别人强。

（3）任何事都应按照自己的意愿发展，否则就会很糟糕。

（4）一个人应该担心随时可能发生的灾祸。

（5）情绪由外界控制，自己无能为力。

（6）已经定下的事情是无法改变的。

（7）一个人碰到的种种问题，总应该有一个正确、完美的答案，如果一个人无法找到它，便是不能容忍的事。

（8）对不好的人应该给予严厉的惩罚和制裁。

（9）逃避困难、挑战与责任要比正视它们容易得多。

（10）要有一个比自己强的人做后盾才行。

2. 不合理或非理性信念的特征

非理性信念有以下 3 个明显特征：

（1）绝对化的要求。绝对化的要求在各种不合理的信念中最常见到。绝对化的要求是指人们以自己的意愿为出发点对某一事物怀有认为其必定会发生或不会发生这样的信念。这种信念通常与“必须”和“应该”这类字眼联系在一起。比如“我必须获得成功”“别人必须很好地对待我”“生活应该是很容易的”等。怀有这样的信念的人极易陷入情绪困扰。因为客观事物的发生、发展都是有一定规律的，不可能按某一个人的意志去运转。对于某个具体的人来说，他不可能在每一件事情上都获得成功；而对于某个个体来说，他周围的人和事物的表现和发展也不会以他的意志为转移。因此当某些事物的发生与其对事物的绝对化的要求相悖时，他们就会感到受不了，感到难以接受、难以适应并陷入情绪困扰。

（2）过分概括化。过分概括化是一种以偏概全、以一概十的不合理思维方式的表现。埃利斯曾说过，过分概括化是不合逻辑的，就好像以一本书的封面来判定一本书的好坏一样。过分概括化的一方面是人们对其自身的不合理的评价。一些人当面对失败或是极坏的结果时，往往会认为自己“一无是处”“一钱不值”“无用”“失败者”“前途渺茫”等。以自己做的某一件事或某几件事的结果来评价自己整个人，评价自己作为人的价值，其结果常常会产生自责自罪、自卑自弃的心理以及焦虑和抑郁的情绪。过分概括化的另一方面是对他人的不合理评价，即别人稍有差池就认为他很坏，一无可取等，缺乏宽容的心理和历史的观点，这会导致一味地责备他人以及产生敌意和愤怒等情绪。埃利斯主张，不要去评价整体的人，而应代之以评价人的行为、行动和表现。因为在这个世界上，没有一个人可以达到完美无缺的境地，每一个人都应接受自己和他人是有可能犯错误的人类一员。

（3）糟糕至极。糟糕至极是一种认为如果一件不好的事发生将是非常可怕的、非常糟糕的，是一场灾难的想法。这种想法会导致个体陷入极端不良的情绪体验，如耻辱、自责自罪、焦虑、悲观、抑郁的恶性循环之中而难以自拔。糟糕的本意就是不好，坏事了的意思，但当一个人讲什么事情糟透了、糟极了的时候，这往往意味着对他来说这是最坏的事情，是百分之百地坏，或是百分之一百二十地糟透了，是一种灭顶之灾。这是一种不合理的信念，因为对任何一件事情来说，都可能有比之更坏的情形发生，没有任何一件事情可以定义为百分之百糟透了。一个人沿着这种思路想下去，当他认为遇到了百分之百糟糕的事情或比百分之百还糟的事情时，他就把自己引向了极端的负性不良情绪状态之中了。糟糕至极常常是与人们对自己、对他人及对自己周围环境的绝对化要求相联系而出现的，即在人们的绝对化要求中认为的“必须”和“应该”的事物并未像他们所想的那样发生时，他们就会感到无法接受这种现实，无法忍受这样的情景，他们的想法就会走向极端，就会认为事情已经糟到极点了。非常不好的事情确实有可能发生，尽管有很多原因希望不要发生这种事情，但没有任何理由说这些事情绝对不该发生。我们应努力去接受现实，在可能的情况下去改变这种状况，在不可能时，则学会在这种状况下生活下去。

（二）认知过程的歪曲

认识过程的歪曲或扭曲在人们的日常生活中经常可以看到。心理学家贝克（A. Beck）将认知过程的歪曲概括为3种形式：

（1）随意推论。没有充足的和相关的证据便过早和随意做出结论。

（2）选择性断章取义。根据整个事件中的部分细节和片段，或根据自己的偏见或喜好，选择性地抓住一点、不及其余，做出片面的、固执的结论。

（3）个人化的关系推理。没有足够的理由地想象外在事件或情况与自己的行为具有关联的倾向性。

四、认知的调整

人的认知理念和认知方式对他的心理和行为起着支配与调节作用。许多人的心理问题大多是由于其错误的认知方式造成的，或者是由于其错误的认知方式而加剧的。认知调整的重点就是在于分析自己的思维活动过程，改变自己的不合理思考和自我挫败行为。由于情绪来自思考，所以改变情绪或行为要从改变思考着手。

埃利斯认为，人生来就具有以理性信念对抗非理性信念的潜能，但又常常为非理性信念所干扰。即任何人都或多或少地具有非理性的信念或不合理要求，而那些具有严重障碍的人，这种倾向则更为强烈。如果人们能学会并扩大自己的理性思考、合理的信念，减少不合理的信念，则大部分的困扰或心理问题就可以得到缓解或消除。

矿山救护队指战员在进行认知调整以改变情绪时，需从两个方面着手。

1. 学会、养成辩证地、客观地、发展地思考问题习惯

（1）无论做什么事情，不但要有成功的打算，也要有失败的心理准备；一旦遇到挫折，切不可自暴自弃，悲观失望，要积极积累经验。

（2）“只要开始，永远不晚”，不能总杞人忧天，光发感慨而不行动，从今天、自我、身边小事做起，做行动的巨人。

（3）无论干什么都要有计划、有目标，更重要的是持之以恒，朝着既定方向或目标前进，不达目标，誓不罢休。

（4）人贵有自知之明，认清自己的能力和局限，从实际出发给自己指定切实可行的目标。

（5）学会正确的归因。影响人们成功或失败的因素很多，诸如机遇、他人的帮助、任务的难度等，这些是外部的，是不可控制的；而个体的心境、能力、努力等，它们是内部的，是可以控制的。一般来讲，把成败归因于外部的、不可控制的因素，不利于人的继续进步；而归因于内部的、可以控制的因素，能够激发人们继续进步。

（6）用发展的、客观的观点看待周围的一切事物，树立正确的是非观，增强辨别是非和评价事物的能力。

2. 合理自我分析（RSA）

矿山救护队指战员有影响情绪的事件发生时，可应用合理自我分析进行调整

认知，重建积极、良好的信念，以此消除或弱化不良情绪，保持良好的心态。

合理自我分析步骤：

（1）列出事件A及情绪C。

（2）分析自己就事件A所持观点或信念B。

（3）对B逐一分析，批驳（D）其中的不合理信念。

（4）找出可以代替那些B的合理信念E。

要进行（2）、（3）、（4）步时，可能由于当局者迷，不能准确分析出来自己的不合理信念，不能一一驳斥之，更不可能找到代替不合理信念的合理信念，故对于小队队员的问题，可以在小队范围内，由其他队员帮其分析、批驳及找出代替的合理信念建议；中队指挥员的问题，可以在本中队指挥员内部，由其他指挥员帮其分析、批驳及找出代替的合理信念建议，填好表后，交本人参考。

自我分析或他人帮助分析，能触动本人，促使本人进行思考，慢慢认识到自己原来信念不合理，继而调整、改变，最终获得积极的情绪。

以某矿山救护大队一项人事任命为例，需提任一副中队长，一小队长感觉自己应该得到提拔，但大队却任用了另一小队长，引起这位小队长的不满、愤怒，继而失望，工作不再积极、主动。后经过合理自我分析及所在中队指挥员帮助其分析（表5-1），该小队长改变了自己不合理的想法及认知过程的歪曲，丢下了思想包袱，恢复了以前尽职尽责的工作作风，并逐步改善了自己原来工作中的缺陷。

表5-1　副中队长任命合理自我分析表

基本步骤	具　体　分　析
事件A	自己没被提拔为副中队长
情绪C	不满、愤怒，继而失望
不合理信念B	我能力比他强，所带的小队月考成绩高于他的小队，他一定是送礼了，或与领导有私人关系，领导作弊了，太不公平了
驳斥D	①他给领导送礼了，或与领导有私人关系，我没有确凿的证据，是自己的臆想推断；②我是以偏概全，拿自己的长处比别的短处，他是有不如我的地方，但有些方面确实比我强；③任用干部是上级领导的事，他们有一套严格的组织程序，不提拔我，自然有他们的道理，作弊可能存在，但他们得考虑服众，不会太出格的，最多是在同等条件下，照顾一下私交好的小队长，我的优势还不明显

表5-1（续）

基本步骤	具 体 分 析
新的信念E	①他的大局意识比我强，小队团结，提任副中队长应该能带好中队，在大局观方面，我应该向他学习，不能光顾自己小队，得替中队着想；②只要好好干，我还有得到提拔、重用的机会；③我可以沉下心来学习业务，考取技师、高级技师，一样是成才

第四节　支持性心理治疗技术

支持性心理治疗技术，就是借鉴支持性心理治疗的原理，应用支持性心理治疗的基本方法与手段，对有不良情绪的救护指战员，进行劝导、启发、鼓励、支持、说服，使其调整好心态，提高克服困难的能力，从而促进身心康复。

一、支持性心理治疗的原理与特点

1. 原理

支持性心理治疗也称为一般性心理治疗，其理论基础是人的群体性本质，是人对感受其他人存在的心理需要的反映与表现。与他人合作，是每个人的心理需要，人类表现出来的孤独感、无助感、渺小感，以及对超自然神灵的莫名崇拜，就是心理需要的具体表现。每个人一生中都可能遇到挫折、困境、丧失、疾病，都有无法马上摆脱的烦恼和痛苦。这时，来自同类个体的支持、关心、帮助、同情，对于我们调整心态、走出困境，发挥着不可替代的重要作用，理解、同情、安慰、支持、肯定、鼓励、赞赏等表达方式就是日常生活中人与人之间最值得提倡的最好的心理治疗方法。

2. 特点

（1）主动的干预方式。在应用支持性心理治疗方法时，是采取主动的干预方式帮助有心理问题的指战员走出心理困境。在发现某位指战员可能存在着某些方面的问题时，可以积极主动地询问其感受、原因，主动提出解决问题的方法和步骤，进行有针对性的解释，解除其不必要的负性情绪。支持性心理治疗方法之所以能够采取主动的干预方式，是因为运用该类方法时，不必要深入了解、分析内在的动机、潜意识、过去的经历等隐私，不会引起反感，支持性心理治疗是在指战员遭遇困境、极需要帮助的情形下介入的，因而容易被接受。

（2）以解除有负性情绪指战员的一般疑虑为重点。支持性心理治疗只涉及心理的表浅层面，即自己意识到的、此时此刻的、表浅的心理异常感受，只针对需帮助的指战员当下的问题进行澄清、指导、鼓励、安慰，以期化解其情绪困扰。

（3）不需要专业心理治疗知识。心理医生、普通医生、社会工作者、热心的普通人、上级及同事、朋友、家人，都能够采取支持性心理治疗方法去帮助有需要的人。若能有意识地学习一些方法和技巧，效果会更好。

二、支持性心理治疗基本方法

1. 支持与鼓励

（1）支持。所谓支持，就是要让当事人感受到来自医生、家人、同事、上级领导和社会的关心，有人在帮助他共同应付困境。人是社会性动物。社会性的表现之一就是：当一个人独自面对困境时，会出现胆怯、绝望；如果单独应对长期的困境，旺盛的斗志难以为继；如果问题超出了个人能力范围之外，绝望情绪的出现就在所难免了。在这类情形下，他人的帮助、关注、支持，无论它是物质方面还是心理方面，都可能重新点燃当事人希望的灯，鼓起战胜困难的勇气，积极寻找克服困难的办法，并最终从困境中走出来。

支持的重点是让当事人感觉到有同盟军在与他并肩战斗，他不再孤独，不再是孤军奋战。支持性言语和行为，会使当事人体验到安全感，能够再次尝试用新的方法去解决问题。支持的目标是带给当事人一种积极的、正面的情绪体验，而这正是他得到支持前所不具备的。采取支持时，必须注意的问题是，支持者不能只表态而不行动，采取实际的、能够对当事人有所帮助的行为，是较好的支持方式。

（2）鼓励。鼓励是支持者对当事人的发现、赏识，是发掘当事人自己不自觉的优点、长处和优势。鼓励可以帮助当事人增强自尊心和自信心。对于鼓励，应该符合当事人的实际情况，不能简单地说“没问题”或“有优势”，而是应该确实发现当事人的长处，这样，才是符合实际的、能够产生效果的鼓励。

2. 倾听与投情

（1）倾听。对于人而言，心理方面的痛苦隐藏在内心是一件痛苦的事情，一般在向信任的人倾诉之后，会有轻松的感觉。相反，长期累积的结果会出现心理行为方面的问题。将累积在内心不为人知的烦恼、苦闷、愤怒、自卑等情绪说出来，而且有一个愿意并善于倾听的人，本身就是治疗的一部分。如果倾听者能够应用心理学的技巧帮助分析问题出现的原因、寻求恰当的应对方式和合理的情绪反应，将是倾诉者需要的东西，将会明显地减轻倾诉者内在的心理负担。

（2）投情。倾听的基本要求是倾听者能够在投情的水平上听倾诉者的倾诉。投情的要求，首先倾听者要有同情心、同理心，即真关心并愿意帮助倾诉者；其次是用心倾听，即在交谈过程中用心去体会、感受倾诉者的内心世界，进入其内心世界；第三是以言语准确地表达对倾诉者内心世界的理解；第四，引导倾诉者对其感受作进一步的思考，澄清事实真相，理清混乱的思绪、寻找解决问题的办法。

3. 说明与指导

（1）说明。说明是支持者针对相关问题进行解释。相关知识缺乏，或者是受错误观念的影响，会导致有些指战员出现情境性的心理问题。此时，采取支持性心理治疗方法的重点是进行知识教育，或先纠正错误的观念，并以正确的观念指导行动。

（2）指导。指导是提出行动建议、采取适当的方法解决问题。

4. 控制与训练

控制与训练是针对行为方面的问题而言的。有些行为问题，单靠言语引导与说教不能解决问题，此时恰当的控制与训练才能够有效地解决问题。

在矿山救护队内部，控制与训练主要针对自我控制能力不强的年轻队员，比如沉迷于游戏机，或者随便花钱，或抽烟、饮酒、赌博等，此时有针对性地劝导与训练，帮助他们选择合适的行为方式，就是支持性心理治疗方法的重要手段。对自我控制力不强者，应该训练他们如何在面临诱惑时自我控制，选择离开，或设置基准界限，或请人监督。自我控制取得进步要及时予以奖励，自我控制失败时要进行相应的惩罚。

5. 改善处世态度

每个人的日常行为，往往与其处世态度相联系。对于遭遇不顺、经常产生负性情绪的指战员，应该引导其学习认识自己的性格特点，认识到哪些人生观和态度有益于心理和身体健康，哪些人生观和态度则对心理和身体健康不利。在人群中，常见的错误生活态度包括：不能接受痛苦、丧失，不能接受自己的缺点，总是抱怨命运的不公正，与人发生冲突时往往指责他人和环境而不是反思自己，对自己和家人抱过高的期望和要求等。改变或放弃这类错误的处世态度，才能消除不良情绪，保持积极向上心态。

6. 改变外在环境

心理活动是对内、外刺激的反应，因此外界环境也是引起人生痛苦感受的重要因素。所谓环境，不单是指活动的场所，更重要的是指每个人所面临的人际环境。人际环境主要是指人际关系的融洽程度。救护指战员每天都必须与他人交往，包括同事、上级、家人等，但与有些人相处很愉快，与有些人相处则很痛苦。如果人际环境中有较多的不融洽，带来较多的痛苦，那么及时调整人际环境就是避免心理痛苦的有效途径。

调整人际环境有两个途径：一是换环境，即将某一指战员调动至另一小队或中队；二是协调该指战员周围人际关系，促使融洽、和谐，包括向其家属做工作，解释说明救护队工作性质，邀请来队观看指战员的训练、工作情况，教育其所在小队或中队，对其多包容、引导。

三、支持性心理治疗在矿山救护队中的实际应用

矿山救护指战员朝夕相处，和谐的人际关系，同事和上级的关心，充分的认同，能使人愉悦、呼吸平稳、思想活跃、思路清晰、心态积极；在共同面对危机时，相互鼓励，支持，安慰，能从相互之间的支持中产生巨大力量。因此，上级对下级不仅仅是命令、指挥，还有在日常学习训练生活中的关心、体贴，老队员要带动新队员，各队员之间要加强沟通，互通有无，以建立阶级兄弟般的情谊。

（1）聘请心理学老师或专家，对大队、中队及小队指挥员进行基础心理学知识培训，使其掌握最基本的技巧，如共情、积极关注、尊重与温暖，并应用于实际，走进职工心中，随时了解职工思想动态，及时进行引导或干预。

（2）矿山救护队伍中，一般地，退役军人占比较高，每年“八一”建军节，可组织退役军人座谈或组织重温军营生活活动；每月组织一次党员教育活动，以党员、退役军人为生力军、模范，带动矿山救护队建设团结紧张、严肃活泼的积极向上的风气。

（3）制定小队周会制度，每周以矿山救护小队为单位，组织队员座谈，谈

工作，谈思想，对于反映出来的问题，依据问题大小，分别依次由小队—中队—大队进行处理解决。

(4) 建立困难救助机制，包括困难职工帮扶、困难党员救助制度及互助制度，对于生活困难或有较大变故的，如孩子上学、家里有病人等情况的职工、党员，直接给予经济救助，对于出现暂时性困难的，可从互助金中借款救急。

支持性心理治疗方法比较简单，容易掌握和使用，一般人经过短时间的训练即可掌握，适合在矿山救护队中推广，及时解决指战员心理上的小问题，防止积少成多，影响身心健康，影响救援工作的开展。

第五节　暗　示　训　练

暗示训练是通过学习掌握积极的自我暗示和对他人暗示方法与技术，用以适时调节自己或他人的心境、情绪、意志和信心等，以提供心理动力，提高挫折耐受能力，保持积极向上的精神状态。

一、暗示

1. 含义

接受暗示和给人暗示是日常生活中的常见现象。暗示是当事人无意识地受客体和主体影响，从而使自己的心理、生理乃至行为发生变化的一种心理现象。暗示是利用潜意识的作用原理，各种各样的暗示，会被潜意识接收。当然，潜意识也不是盲目的，意识和潜意识之间存在着沟通和联系。但由意识控制潜意识的能力各人是不同的，故各人受暗示性强弱不同。暗示在本质上是人的情感和观念，会不同程度地受到别人下意识的影响。暗示训练是利用言语等刺激物对人的心理施加影响，并进而控制行为的过程。

人是唯一能接受暗示的动物。暗示是最简单、最典型的条件反射。经研究发现，每个人都有着或强或弱的自尊心，无论其强弱与否，当直接命令某人做某事时，自尊心都会马上意识到有人要干涉它、控制它，它便会不由自主地生出一种抵抗的力量，不愿就范。因此，即使方法再好，对方也不会完全按照命令去执行，这就使得一个好的方法不能充分发挥其应有的作用。

暗示恰恰绕开了人的自尊心产生的抵抗力量，由于它发出信息的方式含而不露，且发出过程是两个人的心理交流过程，个体无意中受到影响，其信息内容是一种被主观意愿肯定了的假设，不一定有根据，但主观上已经肯定了它的存在。因此，个体对暗示词的吸收就像海绵吸水一样，毫不费力，并尽可能多地吸收，仿佛“融化到血液中”而成为自己固有观点的一部分，这样形成的观点在个体的头脑中会更具有权威性。成功的暗示可以对人的心理和生理产生双重效应，改善情绪，增强机体的免疫、生长与修复功能。

2. 分类

心理暗示分为自我暗示与他暗示两种。

（1）自我暗示。自我暗示是指透过五种感官元素（视觉、听觉、嗅觉、味觉、触觉）给予自己心理暗示或刺激。

（2）他暗示。他暗示用含蓄、间接的方式，对别人的心理和行为产生影响。他暗示往往会使别人不自觉地按照一定的方式行动，或者不加批判地接受一定的意见或信念。

二、暗示的影响因素

暗示能否成功，主要取决于暗示者、被暗示者及暗示者采取的暗示形式。

（1）被暗示者如果独立性差、缺乏自信心、知识水平低，则暗示效果明显；被暗示者处于困难情境又缺乏社会支持，往往易受暗示。

（2）在心理暗示中，暗示者的社会地位、权力、威望及人格魅力对暗示效果有明显影响，其效果在很大程度上取决于暗示者在被暗示者心目中的威信。这就要求心理暗示的实施者应具有较高的威望，要具有令人信服的人格力量。

（3）心理暗示愈含蓄，效果愈好。尽量少用命令方式去提出要求，若能用含蓄巧妙的方法去引导，就能获得更好的效果。

（4）心理暗示应具有艺术性。多借助于形式、色彩、韵律和节奏，通过非理性直觉，直接诉诸人的情感，促进产生积极的心理倾向。

三、暗示训练具体方法

（一）自我语言暗示方法

默念是一种有效的、简便易学的自我暗示方法，特别便于推广应用。矿山救护指战员在紧张、害怕、恐慌时，可默念积极、正面的语词，如“镇静”“挺住”“我充满了力量”。运用自我语言暗示训练时须遵循5条原则：

（1）简单。不能用复杂语言进行描述，因为潜意识不懂逻辑。

（2）正面。负面的暗示同样会有效，但没有意义。因此永远不要对自己说：“我很笨”“我不行”“我很穷”“麻烦了”“完蛋了”“不可能”“失败”“我会遭拒绝”等消极、负面字眼。

（3）肯定。不要用否定、模糊的字眼，如我不会生病，我不会失败，我大概做得到。应该改为：我会成功，我很健康，我一定做得到。

（4）重复。刺激潜意识一次是不够的，需不断重复，并形成稳定的习惯。

（5）现在时态。始终要用现在时态而不是将来时态进行暗示。

（二）他暗示方法

1. 语言暗示

对指战员进行语言暗示，与自我语言暗示一样，要求语言简单、正面、肯定等，如“你行”“相信你”“加油”。

2. 表情暗示

微笑的表情给我们带来好的心情，在指战员紧张时，别人鼓励、肯定的微笑，会使之放松身心。

3. 动作暗示

（1）在矿山救援队伍日常学习或训练时，通过一些技能操作的标准动作和体能训练时一些简单的动作示范，或做一些错误的动作示范，使指战员产生明确的正误对比，从而改正错误的操作或动作。比如在进行心肺复苏操作时，通过中队专业技术人员进行标准的按压和吹气动作示范，使指战员改正自己错误的按压姿势；在进行2000 m中长跑时，可以由一名队员以标准的步伐和呼吸带领或调整跑步的节奏等。

（2）在队员进行体能训练时，伸大拇指，或鼓掌，是肯定赞扬的暗示。

4. 环境暗示

环境暗示是不可抗拒的，不仅在自然环境中是这样，在社会环境中，社会文化同样有暗示作用。如破窗理论，该理论认为环境中的不良现象如果被放任存在，会诱使人们仿效，甚至变本加厉。故矿山救护队在营区布置、内务管理方面，做到整洁、卫生，重视绿化，种植直立、高大树木，各类牌板，墙面及用品，要注重颜色搭配。

（1）白色。白色包括全部的光谱，有增强作用，对人体的能量系统有净化和排污作用，可以唤醒人的创造性。

（2）黑色。黑色是保护色，可以帮助特别敏感的人平静下来，帮助极端的人恢复平衡，特别是那些要失控的人，黑色和白色混合使用效果较佳，能帮助疏导冲动和疯狂的想法。但过多使用黑色会引起沮丧，强化消极情绪和思想。不要单独使用黑色，必须与其他颜色混合使用。

（3）红色。红色温暖、主动，能够唤醒身体的生命力，增强体力和个人意志，可以刺激更深层的激情。

（4）黄色。黄色能刺激人的大脑能力，可以缓解、消除沮丧，帮助重新唤起生活的热情，唤醒人的自信与乐观。

（5）绿色。绿色可增加人的敏感性和同情心，有安神的效果，能够安抚神经系统，绿色可以促进友情、增加希望、提高信任、增加和平。

（6）蓝色。蓝色能起到冷却和放松的作用，镇静能量系统。

（7）紫色。紫色对人的生理和精神都能起到净化作用，可以激发灵感和谦恭。

（8）粉红色。粉红色可以唤醒怜悯心、爱心和单纯，可以缓解生气和被忽视感。

（三）反向利用心理暗示方法

很多人出现心理问题的原因并不是自己心理有问题，而是被别人暗示了，以致往暗示的方向发展。那么我们可以反向利用这个原理，在自己出现心情不好时不去想，那么就可以减少或避免那种情绪的加深，达到调节自己的良好效果。

第六节　疏　泄　训　练

利用或创造某种情景，将压抑的情绪疏解宣泄出来，以减轻或消除心理压力，避免引起精神崩溃，从而较好地适应外界压力环境。

一、疏泄训练的缘由

人的心理承受能力是有限的，当心理出现适应不良、矛盾冲突以及其他事件引起的消极情绪时，应尽早进行调整或宣泄，使压抑的心境得到缓解和减轻。否则，长期积累轻则会影响正常的学习与生活，重则会产生严重后果。培根说，如果你把快乐告诉一个朋友，将有两个人分享快乐，你把忧愁向一个朋友倾吐，你将被分掉一半忧愁。

疏泄训练是指通过一定的方法和措施，宣泄不良心理能量，以解脱不良情绪的痛苦，因此可使人从苦恼、郁结的消极心理中得以解脱，尽快地恢复心理平衡。

某救护大队曾有一队员因工作失误，中队长正在办公室批评他，这名队员平时积累的不良情绪此时一下子爆发出来，冲到办公室玻璃鱼缸前，抓住鱼缸中1条约3两重的观赏鱼塞进自己嘴里生吞了！一名新队员在集训期间不满严格管理和高强度体力训练，用打火机点中队办公室沙发、窗帘，110警察来后还与警察厮打，影响极坏；一位老队员因违犯规定受处理，他当场抓起桌上的烟灰缸打自己的头，所幸制止及时。如果平时压抑的情绪能及时得到排解，就不会经积累后突然崩溃。

二、常用的疏泄方法

1. 谈话性疏泄

当队员出现不良情绪时，可以找小队长、中队长等领导，或好朋友、同学等，总之是最能理解自己的人或最值得自己信任的人，尽情地将心中的郁闷无所顾忌地畅所欲言，一吐为快。这样，一方面使不良情绪得到发泄，另一方面，在倾诉烦恼的过程中，还可以获得更多的情感支持和理解，获得认识和解决问题的新思路，增强克服困难的信心。

2. 运动性疏泄

散步或其他运动，无须走太久，每天20 min，也能减去紧张情绪。剧烈的运动更是好的办法，人在情绪低落时，往往不爱运动，越不活动，情绪越低落，形成恶性循环。事实证明，情绪状态可以改变身体活动，身体活动也可以改变情绪状态。例如走路的姿态，昂首挺胸，加大步幅及双手摆动的幅度，提高频率走几圈，或者通过跑步、干体力活等剧烈活动，可以把体内积聚的“能量”释放出来，使郁积的怒气和其他不愉快的情绪得到发泄，从而改变消极的情绪状态。

(1) 进行足球、篮球、排球等竞争激烈的团队运动，可以增强合作意识，增强冷静沉着的应对能力，有助于缓解紧张情绪，有助于减缓孤立感。

（2）乒乓球、羽毛球、网球等运动，可以使人集中精力、专注于此，有助于个体走出多疑的思维模式。

（3）下象棋、慢跑、长距离散步等运动强度不高的运动，可以调节精神状态，有助于个体慢慢恢复良好情绪。

3. 书写性疏泄

书写性疏泄是通过写信、写文章、作诗或写日记等方式，将内心的消极情绪疏泄出来。其好处在于，可以把那些因各种原因而不能直接对人表露的消极情绪排解出去。为了避免引起更大的纠缠和麻烦，最好待消极情绪消除后将其焚毁。

4. 哭泣性疏泄

哭泣性疏泄是通过号啕大哭或偷偷流泪将消极情绪疏泄出来。研究表明，流泪能将人体内导致情绪压抑的化学物质排除，从而扫除令人不愉快的情绪，消除心理上的压力。当然，哭泣应注意时间和场合。从疏泄消极情绪的程度来讲，痛快地、毫无顾忌地哭泣，一般比有节制地、偷偷地哭泣效果要好。

5. 发泄性疏泄

（1）呐喊。呐喊可以帮助个体排解郁闷，同时通过正向的引导，帮助个体克服恐惧，找回自我。

（2）实物击打。如打沙袋，通过消耗体能的方式，使压力得到缓解，低落消沉的不良情绪在心理上得到释放。

（3）唱歌。唱歌时，特别是唱自己喜爱的歌曲，大脑会生成和释放类似于吗啡的脑内激素，促进和激发免疫球蛋白和抗压力激素的增加，从而使人感觉心情愉快。

要特别注意的是，不论采取那种宣泄方式，都要以“合理”和“理智”为前提，不能损害他人、集体、国家的利益，不能违反社会的伦理道德。另外必须注意宣泄的对象、方式和场合，不可无端迁怒他人，把别人当“出气筒”或“替罪羊”。

矿山救护队日常工作中，要认识到情绪疏泄的重要性。当发现指战员有情绪问题时，要耐心地通过“谈心”方式，使他们积郁的感情得到正确的疏泄，不要动辄视为“闹情绪、发牢骚、讲怪话”，或单纯视为“落后表现”。只用“讲大道理”的批评方式是不能解决问题的。指战员的心理问题如果积郁不解或者得不到正确的疏泄，不但不能充分发挥工作的积极性，而且还可能成为导致不团结、闹纠纷甚至发生意外工伤事故的潜在原因。实际上，“发牢骚、讲怪话”往往是自发性疏泄的一种方式。假如不加分析地一律压抑，后果往往是不良的。

第七节　放　松　训　练

放松训练对于应付紧张、焦虑、不安、气愤的情绪与情境非常有用，可以帮助救护指战员振作精神，恢复体力，消除疲劳，稳定情绪，增强指战员应付紧张事件的能力，不但简便易行，实用有效，较少受时间、地点、经费等条件限制，而且也不需要花费很多时间的学习。

一、放松训练的原理

一个人的情绪反应包含主观体验、生理反应、表情3部分。生理反应，除了受自主神经系统控制的“内脏内分泌”系统的反应，不易随意操纵和控制外，受随意神经系统控制的“随意肌肉”反应，则可由人的意念来操纵。当人们心情紧张时，不仅主观上“惊慌失措”，连身体各部分的肌肉也变得紧张僵硬；当紧张的情绪松弛后，僵硬肌肉还不能松弛下来，但可通过按摩、洗浴、睡眠等方法让其松弛。放松训练的基本假设是改变生理反应，主观体验也会随着改变。也就是说，经由人的意识可以把“随意肌肉”控制下来，再间接地使主观体验松弛下来，建立轻松的心情状态。因此，放松训练就是把自己的全身肌肉放松，保持心情轻松的状态，从而缓解紧张、焦虑情绪等。

二、放松训练的实施

放松训练的核心在“静”与“松”两字。所谓“静”，是指环境要安静，身心要平静；“松”是指在意念的支配下，使情绪轻松、肌肉放松。放松训练有多种方法，包括肌肉放松法、呼吸放松法、想象放松法、音乐放松法、正念放松训练法、自生放松训练等。救护指战员可以从中任选适合自己的，并坚持训练下去。

（一）肌肉放松法

肌肉放松的顺序一般是手臂→头部→躯干→腿部，但也不是绝对不能打乱的，指战员可以自由选择顺序或放松的部位。放松训练的过程一般为5个步骤：

集中注意→肌肉紧张→保持紧张→解除紧张→肌肉放松。放松训练开始时，指战员坐到软椅或沙发上，把头、肩都靠到椅背上，胳膊和手放在扶手或自己的腿上，双大腿平放在椅子上，双脚平放在地上，脚尖略向外倾，闭上双眼，放松全身。

1. 集中注意力

做3次深呼吸：深深吸进一口气，保持大约1 s，再慢慢把气呼出来，共3次。

2. 放松手臂

左手握拳，体会左手的紧张感觉，保持大约15 s后，彻底放松，体验放松后的感觉，感觉血液流过手掌，达到手指，可能感到沉重、轻松、温暖，共做3次；右手握拳，体会右手的紧张感觉，保持大约15 s后，彻底放松，体验放松后的感觉，共做3次；双手同时握拳，体会双手的紧张感觉，保持大约15 s后，彻底放松，体验放松后的感觉，共做3次。左手握拳，用力弯曲绷紧左手臂肌肉，体会左手臂的紧张感觉，保持大约15 s，彻底放松，体验放松后的感觉，感觉血液流过手臂，过手掌，达到手指，共做3次；右手握拳，用力弯曲绷紧右手臂肌肉，体会右手臂的紧张感觉，保持大约15 s，彻底放松，体验放松后的感觉，共做3次；双手握拳，用力弯曲绷紧双手臂肌肉，体会双手臂的紧张感觉，保持大约15 s，彻底放松，体验放松后的感觉，共做3次。

3. 放松头部

眉毛用力向上抬，紧皱额头，保持大约15 s，放松；皱眉，眼睛紧闭，将眉毛向中间挤，感觉额头和双眼的紧张，保持大约15 s，放松；转动眼球，从上，至左、至下、至右，加快速度，然后，朝反方向旋转眼球，加快速度，转动各15 s左右后，停下来，彻底放松；咬紧牙齿，用力咬紧，保持大约15 s，放松；用舌头顶住上颚，用劲上顶，保持大约15 s，彻底放松；皱起鼻子和脸颊（咬紧牙关，使嘴角尽量向两边咧，鼓起两腮，似在极痛苦状态下使劲一样），保持大约15 s，放松；用力收紧下巴，保持大约15 s，彻底放松；嘴唇紧闭，抬高下巴，使颈部肌肉拉紧，用力咬牙，保持大约15 s，放松。

4. 放松躯干

双肩外展扩胸，肩胛骨尽量靠拢，好像两个肩膀合到一起，保持大约15 s，放松；使劲向后收肩，感觉后背肌肉被拉紧，特别是肩胛骨之间，拉紧肌肉，保持大约 15 s，放松；肩胛骨内收，腹部尽可能往里收，拉紧腹部肌肉，紧张的感觉会贯穿全身，保持姿态大约 15 s，放松；上提双肩，尽量使双肩接近耳垂，保持大约 15 s，放松。

5. 放松腿部

紧张左脚，用左脚趾抓紧地面，用力抓紧，保持大约 15 s，放松，彻底放松左脚；紧张右脚，用右脚趾抓紧地面，用力抓紧，保持大约 15 s，放松，彻底放松右脚；紧张双脚，用脚趾抓紧地面，用力抓紧，保持大约 15 s，放松双脚；将左脚尖用力上翘，脚跟向下向后紧压地面，绷紧左小腿上的肌肉，保持大约 15 s，放松；将右脚尖用力上翘，脚跟向下向后紧压地面，绷紧右小腿上的肌肉，保持大约 15 s，放松；将两脚尖用力上翘，脚跟向下向后紧压地面，绷紧两小腿上的肌肉，保持大约 15 s，放松；用左脚跟向前向下压紧地面，绷紧左大腿肌肉，保持大约 15 s，放松；用右脚跟向前向下压紧地面，绷紧右大腿肌肉，保持大约 15 s，放松；用双脚脚跟向前向下压紧地面，绷紧两大腿肌肉，保持大约 15 s，放松；紧张臀部肌肉，会阴用力上提，保持大约 15 s，放松。

每次训练结束，深呼吸 3 次，活动一下颈部、手腕，然后再缓缓睁开双眼。

（二）呼吸放松法

呼吸放松法包括鼻腔呼吸放松法、腹式呼吸放松法及控制呼吸放松法。

1. 鼻腔呼吸放松法

在一个舒适的位置坐好，姿势摆正，将右手的食指和中指放在前额上。

（1）用大拇指按压住右鼻孔，用左鼻孔吸气。

（2）用无名指移到左鼻孔，打开大拇指用右鼻孔呼气，再用右鼻孔吸气。

（3）用大拇指按压住右鼻孔，打开左鼻孔呼气，再用左鼻孔吸气。

以上作为一个循环，每次训练做 10~25 个循环即可。

2. 腹式呼吸放松法

用一个舒适的姿势半躺在椅子上，一只手放于胸部，另一只手放于腹部，进行腹式呼吸，感觉放在腹部的那只手被向上推，胸部只随腹部隆起时微微隆起，呼气的时间要比吸气的时间长。

（1）用鼻子深吸气，持续 3 s 左右，然后保持住 1 s。

（2）用嘴巴缓慢呼气，持续 5 s 左右。

3. 控制呼吸放松法

（1）用鼻子深吸气，至吸不动为止，然后保持住 1 s。

（2）用嘴巴缓慢呼气，尽量将残留于肺部的气呼干净，同时，大脑中可以想，所有的不快、烦恼、压力都随着每一次呼气将之慢慢呼出了。

（三）想象放松法

想象放松法主要通过唤起宁静、轻松、舒适情景的想象和体验，来减少紧张、焦虑。想象会引发注意集中，增强内心的愉悦感和自信心。如想象自己躺在温暖阳光照射下的沙滩，微风阵阵，海浪有节奏地拍打着岸边；或者想象自己正在树林里散步，小溪流水，鸟语花香，空气清新。

这种训练，需要采取某种舒适的姿势（如仰卧），两手平放在身体的两侧，两脚分开，眼睛微微闭上，尽可能地放松身体，慢而深地呼吸，想象某一种能够改变人的心理状态的情境。尽可能使自己有身临其境之感，好像真地听到了那儿的声音，闻到了那儿的空气，感受到了那儿的沙滩和海水。练习者身临其境之感越深，其放松效果越好。结束时，静静地坐一会儿，进行 5 次深而缓的呼吸，然后慢慢睁开眼睛。体验当前的感觉，观察自己的身心变化，观察自己的呼吸。

成功地利用想象来放松的关键在于：①头脑里要有一种与感到放松密切相联系的、清晰的处境；②要有很好的想象技能，使这种处境被心理上的“眼睛”看得很清楚，并进入放松的状态。

〔想象场景举例 1〕我躺在一片绿色的草地上，软软的，绵绵的，阵阵清香扑面而来，蓝蓝的天空没有一丝云彩。潺潺的小溪，从身边缓缓流过，叫不出名的野花，争相开放。远处一头母牛在吃草，它的小崽在它身边尽情地嬉戏玩耍着。一只蛐蛐在地里蹦来蹦去，还有那树上的鸟儿不停地在歌唱……

〔想象场景举例 2〕我静静地俯卧在海滩上，周围没有其他人，我感受到了阳光温暖的照射，触到了身下海滩上的沙子，我全身感到无比的舒适，微风带来一阵阵海腥味，海浪有节奏地唱着自己的歌，我静静地、静静地谛听着这永恒的波涛声……

（四）音乐放松法

音乐的共振频率和震动，可以调整人的脑波，作用于人体的内环境，改善自律神经功能，使人心跳显著减慢；人在聆听环境音乐时可以减轻主观疲劳感，变得舒心放松。

1. 放松环境

选择安静、舒适的环境，室内的光线要明亮柔和，不要过于幽暗，也不宜过强，有较好的音乐播放设备，比如中队会议室、小队宿舍、训练场草坪、树林等。

2. 播放形式及内容

音乐的音量应由小逐渐增强，恰到好处，音量控制不超过 70 dB。根据救护指战员所出现的情绪状态，结合个人的身体状况、音乐爱好、工作性质，分别为出现不同情绪状态选择乐曲。例如，当指战员的情绪郁闷、忧伤时，可先听节奏缓慢、音调低沉的乐曲，帮助疏泄忧伤情绪，然后听一些明朗欢快、充满希望的乐曲，使情绪兴奋。

（五）正念放松训练法

正念最初源于佛教禅修，是从坐禅、冥想、参悟等发展而来，是一种自我调节的方法。正念就是有目的的、有意识的，关注、觉察当下的一切，而对当下的一切又都不作任何判断、任何分析、任何反应，只是单纯地觉察它、注意它。

正念放松训练既可以分开练习，又可以联合运用，以快速处理负面情绪，平静心态。

（1）端身正坐。背部和脖子直而不僵，肩膀下垂而放松，可以闭上眼睛或者降低视线。

（2）关注腹部或鼻尖的呼吸。把注意力放在呼吸上，引入到腹部，感受腹部随着气息进入而扩张，呼出而收缩的感觉，甚至可以注意呼气和吸气之间的短暂间隔，不要控制呼吸，让呼吸自然发生。也可以引入到鼻尖。对于初学者，腹部的起伏更容易观察。总之，在整个呼吸中，寻找一个最敏感的部位。

（3）处理走神。意识到走神了，不要自责，温和地把念头带回到呼吸上。让呼吸把自己锚定在当下，如果一再走神就一再地把念头拉回来，就可以了。

（4）扩展。随着呼吸的气息将意念从腹部扩展到全身，就好像整个身体都在呼吸。感受整个身体所有不同的感觉，同时也感受身体作为一个整体坐在哪儿的感觉，包括身体与地板、座椅接触产生的特定的接触感、压力感等身体感觉；双脚、膝盖和臀部接触地面的感受，双手的感受，从皮肤表面到身体内部的感觉等。可以时而体会某个地方的感觉，时而体会整体的感觉。持续关注几分钟。当察觉到有任何不舒服、紧张的感觉时，就在每一次吸气中把气息带入到那个部位，每一次呼气中把气息从那个部位带走。在呼吸过程中，去感受它们，接受它们，善待它们，而不是试图改变它们。

（六）自生放松训练

这是一种积极的自己指导自己的心理训练方法，经常训练，能逐渐产生自动反应能力，当出现紧张状态时，身体会放松，使整个身体和大脑恢复到协调状态。掌握了自生放松训练以后，就能在任何地方和任何时间情况下，使自己在很短时间内进入放松状态。

自生放松训练共分姿势、准备动作和六种练习。

1. 姿势

选择下面一个最符合自己情况的姿势：

（1）马车夫。想象一个老式马车的车夫在一次长途旅行中的从容姿态，坐在椅子或凳子上，头微微前倾，手和胳膊轻松地放在大腿上，两腿取较舒适的姿势，脚尖微微朝外，闭上双眼。

（2）软椅。舒适地坐在一张软椅上，胳膊和手放在椅子的扶手或自己的腿上，双腿和脚取舒适的姿势，脚尖略微朝外，闭上眼睛。

（3）躺式。仰面躺下，头舒服地靠在枕上，两臂微微弯曲，手心向下放在身体两旁，两腿放松，稍分开，脚尖略微朝外，闭上眼睛。

2. 准备动作

想象戴上一副放松面罩，这副奇妙的面罩把脸上紧锁的双眉和紧张的皱纹全部舒展开来，放松了脸上的全部肌肉，眼睛向下盯着鼻尖，闭上眼睛，下巴放松，嘴略微张开，舌尖贴在上齿龈，慢慢地、柔和地做深呼吸，不要紧张。当空气吸入时，会感到腹部隆起，然后慢慢地呼出，呼出的时间是吸入的 2 倍，每一次呼吸的时间都比上一次更长一些。第一次吸气可以是 1 拍，呼气 2 拍，第二次吸气 2 拍，呼气 4 拍……最后达到吸气 6 拍左右，呼气 12 拍左右；然后再把刚才的过程反过来，吸气 6 拍、呼出 12 拍、吸气 5 拍、呼出 10 拍……一直降到吸气 1 拍为止。做 2~3 min 这种准备动作，接着开始做练习。

3. 六种练习

1）第一种练习——沉重感

学习在身体里引起一种美妙的沉重感。闭上双眼，从右手开始做起（如果是左撇子，则从左手做起），一边默默地重复下面的句子，一边想着它们的意思。

我的右臂变得麻痹和沉重，6~8 次；

我的右臂越来越沉重，6~8 次；

我的右臂沉重极了，6~8 次；

我感到极度平静，1 次。

现在睁开眼睛，抛掉这种沉重感，弯曲几下胳膊，做几次深呼吸，重新摆好适当的姿势，设想自己又戴上放松面罩、重复前边的动作，包括准备动作。每天做 2~3 次这种练习，每次 7~10 min。

要逐字地重复前边的句子，用适当的语调对自己重复，同时设想自己的手臂正在变得越来越沉重，要全神贯注于这些词句和沉重的感觉。用右臂做 3 天这种沉重感练习，然后用完全相同的方法再用左臂做 3 天这个练习，最后按照下面的程序做练习：

双臂变得麻痹和沉重，3 天；

右腿变得麻痹和沉重，3 天；

左腿变得麻痹和沉重，3 天；

双腿变得麻痹和沉重，3 天；

四肢变得麻痹和沉重，3 天。

这种沉重感练习共需要 21 天，打下坚实的基础后，再做第二种练习，才能最快地获得效果。

2）第二种练习——热感

学习随心所欲地在身体内引起一种发热的感觉。先做 2~3 min 准备活动，然后进行一遍双臂、双腿的沉重感练习，就可以开始做热感练习，它的一般程序如下：

我的右臂正变得麻痹和燥热，6~8 次；

我的右臂越来越热，6~8 次；

我的右臂热极了，6~8 次；

我感到极度平静，1 次。

在重复上面这个程序时，要同时想象句子所表达的意思。按照这个程序做 3 天右臂练习、3 天左臂、3 天双臂，然后是右腿、左腿、双腿、四肢各 3 天。最后把第一种和第二种练习的最后部分合起来做一遍。

我的四肢变得麻痹、沉重和燥热，6~8 次；

我的四肢越来越沉重和燥热，6~8次；

我的四肢沉重和燥热极了，6~8次；

我感到极度平静，1次。

做完一遍后，睁开眼睛，活动一下，抛掉沉重和燥热的感觉，然后再重复。在默读上面的句子时，想一想过去手臂真正感到热的情况，可以想象手臂正浸在盛满热水的澡盆里，或者想象夏天炎热的阳光晒着。

3）第三种练习——平缓心跳

做这种练习会使心跳平缓而稳定。先做2~3 min准备活动，简短地重复一下沉重感和热感练习，然后仰面躺着，感觉自己的心跳，可在胸部、颈部用手感觉心跳，也可以将右手放在左手腕脉搏处感觉心跳。默默地重复：

我的胸部感到温暖舒适，6~8次；

我的心跳平缓稳定，6~8次；

我感到极度平静，1次。

练习两个星期，每天做2~3次，每次10 min。

4）第四种练习——呼吸

学习控制自己的呼吸节奏，先做准备活动，重复下列练习：

我的四肢变得麻痹、沉重和燥热，1~2次；

我的四肢越来越沉重和燥热，1~2次；

我的四肢沉重和燥热极了，1~2次；

我的心跳平缓而稳定，1~2次；

我的呼吸极为平稳，6~8次；

我感到极度平静，1次。

练习两个星期，每天做2~3次，每次10 min，以便学会控制自己的呼吸。对自己的呼吸能成功地进行控制的标志是：进行一次轻体力活动，或者神经受到某种刺激后，仍能保持平缓和有节奏地呼吸。在这个练习的后1~2天，把"我感到极度平静"改成"平静渗透了我的身心"。

5）第五种练习——胃部

训练在胃部引起一种愉快的温暖感觉。先做准备活动，简短重复沉重感、热感练习、心跳和呼吸练习，然后，可以将右手放在胃的部位，默默地重复：

我感到胃部柔软和温暖，6~8次；

我感到极度平静，1 次。

练习两个星期，每天 2~3 次，每次 7~10 min。当确实体会到胃部有温暖感时，就说明已经掌握了这个练习。

6）第六种练习——额头

学习使自己的额头产生凉爽的感觉。先做准备活动，简短重复沉重感、热感、心跳、呼吸和胃部练习，默默地重复：

我感到我的额头很凉爽，6~8 次；

我感到极度平静，1 次。

做这种练习时，可以想象一阵轻风吹过自己的面颊，使额头和太阳穴感到凉爽。做两个星期的这种练习，每天 2~3 次，每次 7~10 min。

在进行六种练习时，每次做完练习，睁开眼睛，伸展一下四肢，活动一下关节，抛掉练习时的感觉。在默默地重复句子时，要精力集中和带着感情，将这些句子融入自己的意识中去。一边默念暗示句子，一边进行想象。

坚持练习，熟练后，只要重复一两次下面这些暗示句子，就能使自己进入愉快的、冷静的自然发生状态。

我感到我的四肢沉重和燥热；

我的心跳和呼吸非常平缓和稳定；

我的胃部柔软和温暖；

我感到前额很凉爽；

我感到极度平静。

当充分掌握了练习方法后，只要简单地说“四肢沉重，燥热；心跳，呼吸平稳，胃部温暖，柔软；额头凉爽，平静”，就能进入“自然发生状态”。

（七）其他放松法

我国气功疗法中的放松功及瑜伽、坐禅、冥想等，都是以放松为主要目的的自我控制训练，可以选择学习、训练，达到放松目的。

三、训练注意事宜

（1）放松训练的基本要求。要在安静环境下进行，训练者要做到心情安定，注意集中，肌肉放松。在做法上要注意循序渐进，放松训练的速度要缓慢。对身体某部分肌肉进行放松时，一定要留有充分时间，以便能细心体会当时的放松感觉。放松训练能否成功，决定于训练者对此项训练的态度，是否密切配合。放松成功的标志是，面部无表情，各肌肉均处于松弛状态，肢体和颈部张力减低，呼吸变慢。

（2）放松训练可以使用的放松方法有多种，可以单独使用，也可以联合使用，但一般以一两种为宜，不宜过多。

（3）放松训练的关键是放松，既强调身体、肌肉的放松，更强调精神、心理的放松。

（4）在练习放松时，应集中精力，全身心地投入，避免各种干扰，通过训练真正达到放松的效果。

（5）指战员学会放松训练，在感觉疲劳或精神压力大时，可做几次，随时随地，做到随意放松。

四、放松训练效果

放松训练具有良好的抗压效果。在进入放松状态时，交感神经活动功能降低，表现为全身骨骼肌张力下降即肌肉放松，呼吸频率和心率减慢，血压下降，并有四肢温暖，头脑清醒，心情轻松愉快，全身舒适的感觉。同时，加强了副交感神经系统的活动功能，促进合成代谢及有关激素的分泌。经过放松训练，通过神经、内分泌及植物神经系统功能的调节，可影响机体各方面的功能，从而达到增进心身健康的目的。

第八节　冲　击　训　练

冲击训练借鉴冲击疗法的原理，让训练者暴露在使其产生强烈恐惧或焦虑情绪的刺激情境中，最后适应刺激情境的训练方法。

一、冲击疗法

冲击疗法也称为情绪冲击疗法、暴露疗法或满灌疗法，是行为治疗的一种重要方法，就是采用消退原理，通过直接使病人处于他所恐惧的情境之中，以收物极必反之效，从而消除恐惧，最后适应刺激情境。

冲击疗法的治疗原理是受训者的焦虑或恐惧的反应是过去习得的，将受训者完全置身于最感到焦虑、恐惧的事物或者情境中，让其面对和体验这种焦虑或恐惧的情绪并保持一段时间，在这个过程中不允许受训者逃避，要坚持到底。这时如果没有真正地对受训者产生威胁和发生损害，那么最终受训者的恐怖焦虑情绪会消退；当受训者逐渐适应了该事物或情绪且焦虑或恐惧体验有所下降或消失时，即达到了消除不良情绪反应的治疗目的。

二、冲击训练方法

矿山救护队进行冲击训练，就是尽可能迅速地使指战员置身于最为痛苦、紧张或恐惧的情境之中，尽可能迅猛地引起指战员强烈的恐惧或焦虑反应，并对这些焦虑和恐惧反应不做任何处置，任其自然发展，最后迫使导致强烈情绪反应的内部动因逐渐减弱甚至消失，情绪的反应自行减轻或者消失。

依据矿山救护队实际情况及条件，冲击训练主要采用想象冲击训练和现实冲击训练。

（一）想象冲击训练法

想象冲击训练法是指由指战员自己想象使其焦虑或恐惧的情境，或让其观看最令其恐惧的录像或幻灯的画面，以提高指战员的焦虑程度，进行多次冲击后使其脱敏的训练方法。

（1）由指挥员或老队员给新队员讲述自己所经历的真实事故情景，重点描述惨状，越详细越好。

（2）定期组织指战员集中观看瓦斯爆炸、煤尘爆炸等演示视频，观看实际发生过的事故案例画面。

（二）现实冲击训练法

现实冲击训练法为指战员直接进入到其最焦虑或恐惧的情境中，在现场实际体验强烈的焦虑或恐惧的训练方法。

1. 实战

实战是提升心理素质最有效、最直接的方法和手段。随着煤矿生产管控的加强，技术的进步，安全形势得到进一步的好转，煤矿灾害事故鲜有发生，矿山救护队实战机会越来越少，当有实战机会时，统筹安排，在不影响救灾安全与进度的前提下，尽量科学排班，使所有指战员全部轮流参战。

2. 人为设置突发事件

在爬山演习、高温浓烟演习及万米行走时，设置人员突然受伤、人员突然晕倒、呼吸器故障等。

3. 人为制作压力源

（1）训练时没错有意报错，无错而训斥。如队员在对模拟人苏生时，本来显示屏上显示吹气、按压正确，组织者故意报错；在呼吸器席位操作时，故意训斥操作程序错；在处置伤员时，在旁边错误引导训练者伤情判断、包扎手法、止血方法等。

（2）在人流量大的场所，如公园、广场，进行易受外界干扰的项目训练，如军事化队列、席位操作、医疗急救等。

第九节 系统脱敏训练

矿山救护指战员对某种环境、情况如产生敏感，容易引起强烈的情感反应，如过分害怕、紧张、恐惧或不安时，可以进行系统脱敏性训练。系统脱敏法又称缓慢暴露法，是放松训练与冲击疗法的有机结合。先应用放松技术，带着松弛的心理状态，由轻到重依次去接触引起敏感反应的情况，由小到大逐渐训练心理的承受力、忍耐力，增强适应力，从而达到最后对真实体验不产生“过敏”反应，保持身心的正常或接近正常状态。

一、系统脱敏训练原理

根据条件反射理论，焦虑、恐怖等都是通过条件反射后天“习得”的，即因某些原本并不引起焦虑的中性刺激与焦虑情境不断相结合，而使其中性刺激最终成为一种焦虑刺激，并经常引发异常的焦虑情绪或紧张的行为反应。人的肌肉放松状态与焦虑情绪是一个互不相容的对抗过程，一种状态的出现必然会对另一种状态起抑制作用，即所谓的交互抑制。所以，如果将焦虑刺激与焦虑反应不相容的另一种反应（如松弛反应）多次结合，松弛反应就会抑制和削弱原来的焦虑刺激与焦虑反应之间的联系，最终消除机体对原焦虑刺激的敏感性。

在系统脱敏训练的具体实施过程中，利用的是人的肌肉放松状态去抑制由焦虑或恐怖引起的个体的心率、呼吸、皮电等生理指标的变化反应。放松状态多次与引起个体焦虑或恐怖的刺激物结合，即可消除原来因该刺激物引发的焦虑或恐怖的条件反应。由于人的肌肉放松状态每一次只能抑制一个较低程度的焦虑或恐怖反应，因此，训练时便从能引起个体较低程度的焦虑或恐怖的刺激物开始，一旦某一刺激不能再引起个体焦虑或恐怖的反应时，便可换一个比前一个刺激略强一点的刺激。如果一个刺激所引起的焦虑或恐怖状态在个体所能忍受的范围之内，经多次反复呈现，个体便不再会对该刺激感到焦虑或恐惧了。

二、系统脱敏训练的实施

（一）想象脱敏

想象现实生活里的挫折情境和使自己感到紧张、焦虑的事件，然后学会在想象的情境中放松自己，从而达到能在真实的挫折和紧张场合下应付各种不良的情绪反应。

1. 基本方法

学会有效地放松，这是想象脱敏法的基础。可进行放松训练，达到能在1~2 min内完全放松，将紧张排除出去。

把挫折和紧张事件按等级排列出来。首先，在纸上把引起焦虑和紧张的事件，包括目前遇到的和不久将会遇到的各种各样的事件全部开列出来，尽可能举出20个项目左右，它应该包括各种不同性质的事件，而不限于一两种感到紧张或惧怕的问题；然后，给自己感到紧张的这些项目打分，完全不紧张的定为0分，最紧张的定为100分，其他项目依据自己的体验，定在0~100分之间，每个项目之间的紧张度分数的差距大致相等，如差距5分；最后，按照分数高低，从低到高，将它们全部排出等级顺序。每个项目应当简明扼要，又能在想象中产生鲜明的图像。如：①大冷天早上出操，5分；②下午抽查个人氧气呼吸器，10分；③小队开会，让人人发言，15分；④考核理论知识，20分……⑳月度考核成绩居中队最后一名，100分。

2. 脱敏想象练习

依据等级表先从紧张分最低的第一项目开始，想象项目所描述的情境，使情境保持30 s左右；注意身体是否出现紧张感，感到紧张时即做放松练习。用同样方法逐步对付所列出的每一个紧张事项，最后会深刻地觉察到紧张的部分是怎样引起的，并会欢迎紧张的早期征兆，因为它好比是放松的信号。

通过了紧张度最高的项目，就会对降低紧张和焦虑有充分的信心，甚至对最紧张的情境也能予以克服。

进行想象和放松练习时，要求每一个项目的情境必须是生动和真实的，必须能清晰想象出情境中的声音、气味、色彩、图像等。开头几次可能想象不出，随着练习次数增多，就容易清楚地感触到情境中的紧张事件。

第一天开始练习时，项目不超过 3~5 个，感到累之前就要停止。三四天后可逐渐练完全部项目。通过对所列的全部项目二三遍的练习后，如都能达到了松弛，那么就能在日常生活中应付同样的问题。

（二）现实脱敏

现实脱敏是实地接触焦虑情境，比想象脱敏效果好，但受条件限制而不易做到。基于矿山救护队实际情况，可采用授课训练和开放区域公开训练。

1. 授课训练

选择心理素质稍差、易紧张的新队员，按指定内容提前备好课，备课内容主要为救援装备理论知识，每次只选一个小项目，如氧气呼吸器高压气密性检查、手动补气流量检查、用瓦斯检定器检查 CO_2 浓度等，然后中队组织学习，由选定的新队员给全中队授课，授课时间限定在 20 min 以内。

授课程序：放松训练 10 min→上讲台授课→放松训练。

2. 开放区域公开训练

与现实冲击训练法中的训练项目相同，去人流量大的场所进行易受外界干扰的项目训练，如军事化队列、席位操作、医疗急救等。在每个项目训练前，可进行放松训练，项目训练结束后，再进行放松训练。训练的项目，按照复杂程度，由低到高依次进行，且在前一个项目训练到基本不受外界影响后，再进行后一项目的训练。

第六章 心理训练实例

2010年9月，河南能源鹤煤救护大队组队参加了在安徽新集举行的第八届全国矿山救援技术竞赛，竞赛设置模拟救灾、医疗急救、呼吸器操作、综合体能和理论知识5个项目。在赛前训练时，鹤煤救护大队在模拟救灾、医疗急救、呼吸器操作3个项目上准备充分，力争不扣分，将完成时间缩小到极致，自己按竞赛细则考核时也获得满意成绩。但是，在实际竞赛时，参赛队员一上场，面对领导、众多观众、众记者的摄像机镜头，紧张得手发抖、脸色不自然、额头上出汗，训练时闭着眼睛都能完成的动作走样了……结果空手而归。此后，鹤煤救护大队开始重视心理训练，提升指战员心理素质。一是请心理专家来队授课，二是与大专院校、医院有关心理专业老师合作，边学边进行心理训练，并申请到科研经费，成立了项目组，进行了立项研究，积累了一定的经验。

第一节 矿山救护队伍心理素质研究及心理训练方案的确定

在确定心理训练方案之前，先介绍近年来学者们在救护队员心理素质方面的研究及取得的成果。王居胜、魏新杰（2011年）在《矿山救护队员的心理素质培育途径》及《培养救护队指战员良好心理素质的途径》两文中，提出了催眠放松法、自律训练法、逐渐放松法、呼吸调整法及握手放松法等方法，用于对矿山救护队员进行心理调整。

靳增亮（2011年）在《浅析救护队进行心理训练的必要性及对策》一文中，给出了职业道德教育、心理训练理论知识学习、综合心理训练等对策，以全面提高指战员心理素质。其中，综合心理训练包括进行救灾模拟综合演练；运用各种多媒体进行学习；选择复杂的天气和时间对队员进行情绪意志的训练；建立一个心理训练场地，进行全面素质培养；进行业务训练和战术演练及体育训练。

陈允恩、李丽娜等（2011 年）在《矿山救援队心理训练初探》中，介绍了暗室迷宫训练法、团队协作训练法、应激情景训练法、抗干扰训练法及放松训练法等矿山救护队员的心理训练方法。

姚三巧（2012 年）在《科学应对矿山救护队员心理应激》中强调了心理素质训练的意义，提出心理素质训练的步骤，首先使受训者了解矿山救援应激反应知识，熟悉各种应激情境并形成心理预适应；其次是技能练习反馈阶段，目的是掌握自我调节、外部感知和积极应对技能；最后是应激情境中技能实践，引导受训者用所学技能应对各种应激因素。

卢遥、王汝柱等（2014 年）于《矿山救护队员心理素质现状调查》一文中介绍，他们采用随机整群抽样法抽取唐山市矿山一线救护队队员 310 名，采用心理素质测量工具，包括艾森克人格问卷、注意力、意志力测试量表及反应敏捷性测试工具，在安静状态下测试救护队员的心理素质，同时调查其年龄、工龄、性别、文化程度、吸烟饮酒等资料，对救护队员的情绪及心理素质影响因素进行分析，得出结论：矿山救护队员心理素质水平较高；工龄长、年内参加救援次数及年内生活事件会影响救护队员的心理素质。据此提出建议：①加强新救护队员上岗前培训，做好心理健康教育和健康促进工作，帮助队员度过心理危机；②制定筛选矿山救护队员标准时适当提高文化程度和心理素质程度的标准；③在平时的体能训练中增加心理素质培训。

卢遥、王汝柱等（2014 年）在《矿山救护队员心理应激状况及其影响因素》中介绍了他们的研究过程，选取国家矿山应急救援某集团救护大队 564 名救护队员为研究对象，采用自制的调查表和一般工作紧张问卷，调查其基本信息、职业史、心身症状、抑郁症状、日常紧张感、负性情绪，分析矿山救护队员的心理应激现状及其影响因素，得出结论：矿山救护队员的心理应激程度较高，其心理应激程度主要受年龄、战备值班时间、训练次数、文化程度、生活事件的影响。据此提出建议：①严格筛选矿山救护队员，筛选年龄在 30 岁以下、有较高学历的人员参加救援工作；②适当增加日常模拟训练的次数和更科学的训练项目，并定期进行体检；③合理制定作息制度使救护队员劳逸结合，提高心理素质和应对突发事件的能力；④开展心理健康促进，由专业人员定期对队员进行心理疏导，开展拓展训练，提高其应对恶劣环境时的心理承受能力；每次救援后对救护队员进行必要的心理诊断和心理危机干预。

王文豪、王勇（2017 年）在《浅谈矿山救护队员心理素质的培养》一文中，提出了矿山救护队员心理素质的培养方式，包括：加强思想政治工作，积极开展安全法规教育；深入持久地开展案例教育活动；开展工作艰苦性和严峻性教育；强化实战演练，增强心理承受能力；加强技术训练，练就过硬的救灾本领。

潘永刚（2017 年）在《培养救护队指战员良好心理素质的途径探究》中，介绍了培养救护指战员良好心理素质的有效途径：实战积累、理论学习、心理调适及培养稳定的情绪状态。

王红磊、汪兆昆（2018 年）在《浅谈矿山救护队员心理素质训练》中，提出了进行实战模拟训练、加强业务技能训练、体能训练和集体训练等强化心理素质训练的措施。

张留明（2018 年）于《浅谈加强和干预矿山救护指战员的心理素质》中，指出对救护队员的心理救援内容包括：及时地获得社会情感支持；所在单位要聘请专业心理医师、合理安排作息、合理分配任务；在日常工作中加强心理素质培训，重视实战模拟训练；编制心理救助预案。救援人员心理问题的自我修复包括直面消极情绪，强化抗打击训练。

李童童（2021 年）在《矿山救援队伍系统脱敏性心理素质训练方法研究》中，将系统脱敏性训练的原理运用到矿山救援队伍的心理素质训练中，通过采用现场授课、开放区域公开训练等方式，对救护队员进行放松训练与冲击式的心理素质训练，以消除救护队员在面对复杂陌生环境时产生的紧张和恐惧，从而提高救护队员的心理素质。

综上矿山救护队伍的心理素质研究，大部分是对矿山救护队伍心理素质状况存在的问题进行了调查与统计，缺少行之有效地提升矿山救护指战员心理素质的方法；或提出了具体的心理训练方法，但没有实施方案及效果分析；或按照某一心理训练方法进行了训练，但不全面。

河南能源鹤煤救护大队于 2017 年立项，进行专门训练、研究，依据大队实际情况，参考心理专家建议，借鉴心理治疗理论，制定心理训练方案，如图 6-1 所示。

该方案包括应用认知调整技术、支持性心理治疗技术、暗示训练法、疏泄训练法、放松训练法、冲击训练法及系统脱敏训练法进行心理训练，记录每种训练方法的训练数据并进行数据分析，依据确定的训练检验指标，检验训练效果，并

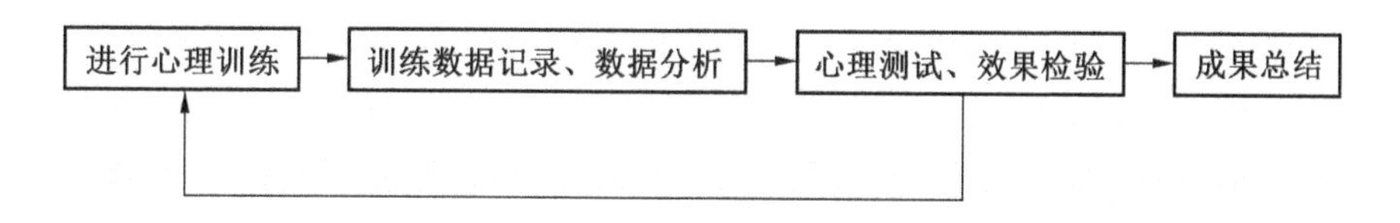

图 6-1　心理训练方案流程图

根据训练效果不断修正训练方法，最后进行总结。

鹤煤救护大队下设 3 个中队，2017 年时，一中队指战员 24 人，二中队 23 人，三中队 23 人，计 70 人，在项目组指导下，全部参与心理训练。2019 年退队返矿 3 人，余下 67 人（一中队 23 人，二中队 21 人，三中队 23 人）继续实施专项训练。

第二节　心理训练效果检验指标的确定

经过系统的心理训练后，需进行效果检验，即进行心理测量，得到有关表征心理素质的数据，对比训练之前的数据，才能检验训练效果。

一、心理测量

心理测量是根据一定的法则用数字对人的行为加以确定，即依据一定的心理学理论，使用一定的操作程序，给人的行为和心理属性确定一种数量化的价值。

心理测量是一种间接测量。目前，尚无法直接测量人的心理，只能测量人的外显行为。根据心理特质理论，人们对测量结果进行推论，从而间接了解人的心理属性。特质理论认为，某种内在的不可直接测量到的特质，可表现为一系列具有内在联系的外显行为，测量者可以通过一定的方法测量这些外显行为，并由这些行为判别特质的性质。心理测量中的“事物的属性或特性”即指“特质”，它是一个抽象的产物，一种构想，而不是一个可被直接测量到的有实体的个人特点。由于特质是从行为模式中推论出来的，所以基于特质理论的心理测量永远只能是间接的测量。

二、耐挫能力测量

心理学界，最初的耐挫或压力应对研究多是在实验室内进行的，此时耐挫能力的测量主要采用心理生理测量法、表情测量法和行为观测法。心理生理测量法是一种情绪心理学研究方法，在不损害有机体完整性的情况下，运用非侵入性测量方法（如表面电极），测量和观察与行为（动作技能、问题解决、睡眠、情绪等）有关的生理变化的过程。表情测量法实际上是一种有效的情绪测量方法，通过对个体情绪的测量可以间接地测量他们的应对挫折或压力方式或能力。行为观测法是指通过观察一个人在应激情境下的行为来推测他的应对方式或能力。心理生理测量法往往需要一些较为精密的仪器作为测量工具，因此在具体的操作过程中存在一定的困难。表情测量法和行为观测法较多依赖于研究人员的主观评定，因此客观化程度不够高。

当前挫折能力的测量方法主要有自我报告法中的问卷法，此外，还有关键事件分析法、日记记录法和生态瞬时评估法。自从 20 世纪 70 年代以来，大量的应对方式问卷开始出现。这些问卷操作简单，结果容易解释，成本较低，因此很快被广泛地应用到压力与应对研究中。但其致命的缺陷，在于被试者在自我报告中的回忆偏差。这些问卷都需要被试者对自己所采取的应对方式进行回忆。但是，人们不可能精确地回忆自己所采取的应对方式。另外，个体对应对方式的回忆还受应对后果的影响。关键事件分析法由 3 个步骤组成：首先是通过与被试者访谈，了解他们遇到的压力事件；其次是询问他们对这些事件的应对行为；最后是了解他们的应对后果。这种方法的缺点主要有两个：一个是被试者有时很难准确地回忆他们所采取的应对行为或者回忆结果带有偏差；另一个是关键事件分析法属于定性分析，因此要求分析人员在对材料进行编码时要保持一致。日记记录法优点是能够相对及时地记录下自己所遇到的压力事件及应对方式，所获得的信息量较大。但是，它要求被试者耗费较多的时间来记日记。另外，日记记录法具有较大的主观性，对日记分析人员的知识和经验的要求较高。生态瞬时评估法（Ecological Momentary Assessment，EMA）强调的是人与环境的动态交互过程，它主张在真实的环境中研究人的心理和行为，即研究人的现实行为和自然发生的心理过程，将心理现象与整个环境联系起来进行考察。EMA 方法突破了回顾性回忆的局限，评估关注的是研究对象的当前状态，现象在它们发生的瞬间或稍后即被捕获，要求被试者报告当前的感受而不是一段时期后的回忆总结。这就是 EMA 的瞬时性，目的在于避免回忆所产生的错误和偏见。EMA 强调被试者在其所处的自然环境下被评估，数据都是从现实环境中收集的。

三、心理训练效果检验指标的确定

矿山救护指战员心理素质应符合聪慧、忠诚、勇敢、自信和耐挫的要求，其中，耐挫是衡量心理素质水平高低的标志，心理适应、心理承受、心理调节是耐挫的3种基本心理品质。采取认知调整技术、支持性心理治疗技术、暗示训练法、疏泄训练法、放松训练法、冲击训练法及系统脱敏训练法进行的心理训练，有助于提升矿山救护指战员的聪慧、忠诚、勇敢、自信，主要还是提升其耐挫能力，即心理适应能力、心理承受能力与心理调节能力。

依据耐挫力测量的优缺点和鹤煤救护大队现有条件及实际情况，在心理专家的指导下，本着简单、实用及准确的原则，确定心理测量的检验指标为心率、行为的改变、激情犯错次数及训练考核成绩。

在进行检验测量时，注意排除或降低额外变量的影响，也就是说，额外变量应该是保持恒定的量。如测量心率的变化以检验指战员想象冲击训练的效果时，指战员的心理状态、身体状况、所播放事故演示视频及事故案例画面、观看的环境等，应该前后一致。

（一）心率

心率是指每分钟心脏跳动的次数，成年人安静时心率在60～100次/分之间，平均为75次/分。当安静时心率小于60次/分称为心动过缓，大于100次/分称为心动过速。当人体处于激动、紧张状态下时，会刺激交感神经兴奋导致心率加快，故心率变化量可作为耐挫力增强或减弱的评价指标。

鹤煤救护大队3个中队指战员70人，在项目组指导下，全部参与心理训练，大队购置了华为荣耀手环6（智能手环，型号：ARG-B19）80块，并下载华为运动健康APP，以连续监测指战员心率，并将数据、曲线图导入电脑，供分析使用。连续监测心率的测量方法，是生态瞬时评估法的具体应用，具备生态瞬时评估法的优点。

（二）行为的改变

行为指有机体的反应系统。它由一系列反应动作和活动构成的，有的行为很简单，只包含个别或少数几种反应成分，如食物刺激口腔引起唾液分泌，肠胃因饥饿而加快蠕动等；有的行为则很复杂，包含了较复杂的反应成分，如矿山救护指战员的席位操作、各项体能训练等。这些行为由一系列反应动作组成，成为各种特定的反应系统。

行为总是在一定的刺激情境下产生的。引起行为的内、外因素叫刺激。行为不同于心理，但又和心理有着密切的联系。引起行为的刺激常常通过心理而起作用。人的行为的复杂性是由心理活动的复杂性引起的。同一刺激可能引起不同的反应，不同刺激也可能引起相同的反应，其原因就在于人有丰富的主观世界。主观世界的情况不同，对同一刺激的反应常常是不一样的。有机体的内部状态不一样，对同一事物的反应也可能不一致。心理支配行为，又通过行为表现出来。心理现象是一种主观精神现象，行为却具有显露在外的特点，可以用客观的方法进行测量。由于行为能显示人的心理活动，因此，可以通过观察和分析行为来客观地研究人的心理活动。从外部行为推测内部心理过程，是心理学研究的一条基本法则。

矿山救护指战员在遇到突发事件、面对陌生环境等，其心理变化表现为行为的改变，可定性或定量进行测量，以行为的改变来评估心理状态，如紧张、恐惧等。

（三）激情犯错次数

激情犯错是失去理智、难以控制自己的激烈的情绪，在没有犯错动机的情况下犯错。激情是一种爆发性的、短暂的、比较猛烈的情绪状态，如狂喜、振奋、愤怒、恐惧、绝望等。积极的激情能够激发人体内的潜能，显著提高脑力体力工作效率，甚至会帮助人们创造出奇迹；消极的激情不仅对人体健康十分有害，而且还会驱使人们干出后悔莫及的事来，甚至发生激情犯罪。对矿山救护队而言，激情犯错主要有拒不执行命令、破坏公共设施、辱骂领导及打架斗殴 4 种形式。一个小队、中队全体指战员激情犯错次数总量的变化量，反映了这个小队、中队指战员情绪控制能力及保持理智的能力变化。激情犯错次数变化量，可作为矿山救护指战员耐挫力增强或减弱的评价指标。

项目组通过查阅各中队记录及处理通报，研判每次指战员犯错情况，分析犯错原因，确定是否为激情犯错。经统计，将激情犯错分类为拒不执行命令、破坏公共设施、辱骂领导及打架斗殴。

（四）训练考核成绩

适度的紧张是一种积极的心理准备状态，能有效地保证任务的完成；而过于紧张，则会妨碍活动，是一种消极的心理状态。紧张是一种心理唤醒，对于简单动作，心理唤醒有利于动作的快速、正确完成；但对于复杂动作，心理唤醒加强，则会起到妨碍。故可用训练考核成绩，来衡量指战员心理状态。

1. 2000 m 跑步成绩

2000 m 跑步时，指战员主动进行自我暗示，加之围观者的鼓励，使其保持积极心态，提升成绩。成绩的提升，在一定程度上反映了跑步者心态的优化。

2. 授课效果

选择心理素质稍差、易紧张的新队员，按指定内容提前备好课，授课效果可以用授课得分、授课时长及心率变化来衡量。

（1）授课得分。指战员上讲台授课，依据其是否紧张、动作是否呆板、吐字是否清晰、表达能力是否良好、授课是否生动、有无发挥等标准，由听课者进行评分。

（2）授课时长。同样的内容，授课时如思路清晰，保持镇定，能够在较短的时间内将内容讲述完整、清楚，故授课时长也可对授课效果进行评价。

3. 公共区域军事化队列训练成绩

在公共区域进行军事化队列训练，动作出错次数及心率变化可评价训练人员紧张、恐惧程度。

4. 公共区域仪器操作成绩

仪器操作成绩包括出错次数、完成时间，同时记录操作人员心率变化情况。

（1）更换 2 h 呼吸器：心率，完成时间，出错次数。

（2）互换氧气瓶：心率，完成时间，出错次数。

（3）席位操作：心率，完成时间，出错次数。

（4）安装苏生器：心率，完成时间，出错次数。

（5）心肺复苏：心率，按压、吹气错误次数。

第三节 心理训练方案的具体实施及效果检验

河南能源鹤煤救护大队于 2010 年底开始关注指战员心理素质，也零星地进行了一些心理训练，如到鹤壁市山城区枫岭公园、新世纪广场、淇河金沙滩，进行军事化队列、席位操作、医疗急救等训练，聘请心理学老师或专家来队授课，讲授心理训练基本知识，推广应用一些简单的放松技术；于 2017 年立项开始系统研究矿山救护指战员心理训练，所属 3 个中队 70 名指战员全部参与，至 2020 年结题，经历近 4 年完成项目任务。

一、认知调整技术、支持性心理治疗技术、暗示训练法、疏泄训练法及放松训练法的实施及效果检验

（一）认知调整技术的实施

一是聘请心理学老师，讲授认知理论。讲授内容包括认知 ABC 理论、不合理的或非理性信念和认知过程的歪曲等错误的认知方式及合理自我分析（RSA）具体操作步骤等。要求每名指战员能理解 ABC 理论，养成好习惯，遇到问题、自己情绪不高时，能自觉反思自己，对诱发事件进行客观合理的解释和评价，查找自己错误的认知方式，并努力调整，代之以合理、理性信念，力求取得好的结果；能熟练进行合理自我分析（RSA），按步骤完成合理自我分析表，特别是指挥员，不但需要会自我分析，还需组织、帮助、引导队员，驳斥其错误认知，建立其正确信念。

二是自我分析。指战员针对个人的情绪，可自行进行自我分析，救护队层面则定期组织自我分析活动。

（1）组织。将救护队人员分为小组，分级负责，各小队长、各中队长及大队长分别为组长，小队长主持本小队的活动；中队长组织本中队管理人员及各小队长；大队长组织大队管理人员及各中队长。

（2）集中活动前一周，组长分发自我分析空表（参见表 5-1），由各个指战员匿名填写事件 A、情绪 C 及不合理信念 B，并尽量填写驳斥 D 和新的信念 E，然后上交组长。

（3）各组长主持，在组内逐一公开讨论自我分析表，针对每个表中的事件 A、情绪 C 及不合理信念 B，完善、补充驳斥 D 和新的信念 E。

（4）将组内每个经完善、补充的分析表，发放给每名组员保存，人手一套，用以感悟、学习、提升。

鹤煤救护大队每组一般为 7～11 人，每次活动 2～3 h，连续进行时，易造成组员疲惫，效果不好，后来改为分两次进行。2017 年上半年，每月进行一次，但占用时间较多，下半年以后，改为每季度一次。2019 年始，每半年进行一次集中活动。为了保护指战员隐私，也为了使指战员能真实、坦率填写有关个人的

事件A、情绪C及不合理信念B，在进行集中活动时均为匿名，且分发完善后的分析表时，是全套发放的。每名指战员在填写个人分析表时，得到感悟；在公开讨论时，进一步得到感悟，最后收到完善的分析表时，再受到感悟，基本上能纠正自己的错误认知，建立起来合理信念。

（二）支持性心理治疗技术的实施

支持性心理治疗技术比较简单，容易掌握和使用，指战员经过较短时间的训练即可实际应用。

（1）聘请心理学老师或专家，对大队、中队及小队指挥员进行基础心理学知识培训，使其掌握最基本的支持性心理治疗技术，并大力推广应用。

（2）鹤煤救护大队指战员中退伍军人占比高达25%，每年八一建军节，大队均组织了退伍军人座谈或组织重温军营生活活动，活动方案见表6-1。

表6-1 八一建军节重温军旅生活活动方案

活动时间	八一建军节
组织单位	战训科
参与单位	全体退伍军人
活动项目	座谈会、唱军歌、队列操作

注：①座谈会。各中队由退伍军人对中队全体队员讲解军旅生涯，并演示叠“豆腐块”被子操作。大队组织退伍军人代表进行座谈，征求他们对大队工作的意见与建议，并鼓励他们退伍不退军人本色，工作上处处起模范带头作用。

②唱军歌。各中队挑选5名退伍军人的队员，参加大队组织的唱军歌比赛。

③队列操作。组织大队所有退伍军人进行队列操作表演，大队全员观摩。

（3）制定小队例会制度。每周，以矿山救护小队为单位，组织队员座谈；每月，召开月会，总结全月工作，汇报思想，安排下月工作计划。救护小队月会方案见表6-2。

表6-2 救护小队月会方案

参会人员	小队所有人员
会议地点	小队宿舍
时间	每月最后一轮值班的第二天，晚上7：00-8：00
主持人	小队长

表 6-2（续）

参会人员	小队所有人员
记录人	副小队长
会议内容	1. 总结当月小队各项工作的完成情况，并对本月月考出现的问题进行总结。 2. 每位队员进行发言，把本月个人的工作情况、训练情况、学习情况进行总结，并找出个人的不足；交流个人在学习、训练、工作中新的、好的方法。 3. 汇报个人近期思想波动情况，在单位和家庭面对的心理压力，由其他队员进行疏导、劝慰、鼓励。 4. 安排下个月的工作计划和重点工作内容

（4）建立了困难救助机制。鹤煤救护大队大队领导每人出资 3000 元，中队长每人出资 1000 元，队员每人出资 10 元，共计近 3 万元，成立困难救助基金，用于借款救助临时有困难的队员。从 2018 年成立，每年现金流量达 10 万元以上，在一定程度上解决了队员的燃眉之急。

（三）暗示训练法的实施

组织指战员培训，学习自我语言暗示及他暗示中的语言暗示、表情暗示及动作暗示基本知识；为图书阅览室购置了大量的心理学方面书籍，供指战员学习、参考。同时，鹤煤救护大队按照邀请的心理专家建议，对营区进行了修缮，使之起到积极、向上的正面环境暗示作用；对内务强化了管理，及时修理破旧的用具；标牌定时刷漆，保持亮丽；增设了牌板、橱窗，牌板、橱窗内容以积极的暗示字句为主。

牌板、橱窗选用如下内容：

（1）当你对某件事情抱着百分之一万的相信，它最后就会变成事实。

（2）当我们怀着对某件事情非常强烈期望的时候，我们所期望的事物就会出现。

（3）人百分之百是情绪化的。即使有人说某人很理性，其实当这个人很有“理性”地思考问题的时候，也是受到他当时情绪状态的影响，“理性地思考”本身也是一种情绪状态。所以人百分之百是情绪化的动物，而且任何时候的决定都是情绪化的决定。

（4）任何事情的发生，都有其必然的原因，有因才有果；换句话说，当你看到任何现象的时候，你不用觉得不可理解或者奇怪，因为任何事情的发生都必有其原因。你今天的现状结果是你过去种下的因导致的结果。

（5）当你的思想专注在某一领域的时候，跟这个领域相关的人、事、物就会被你吸引而来。

（6）任何的行为和思维，只要你不断地重复就会得到不断地加强。在你的潜意识当中，只要你能够不断地重复一些人、事、物，它们都会在潜意识里变成事实。

（7）很多年轻人都曾梦想做一番大事业，其实天下并没有什么大事可做，有的只是小事，一件一件小事累积起来就形成了大事。任何大成就或者大灾难都是累积的结果。

（8）当你做一件事情的时候，影响的并不只是这件事情的本身，它还会辐射到相关的其他领域，任何事情都有辐射作用。

（9）这个世界上的每一件事情之间都有一定的联系，没有一件事情是完全独立的。要解决某个难题最好从其他相关的某个地方入手，而不只是专注在一个困难点上。

（10）只有专精在一个领域，你才能有所发展。所以无论你做任何的行业，都要以做该行业的最顶尖为目标；只有当你能够做到专精的时候，你所做的领域也会蓬勃发展。

（11）当我们有一项不想要的记忆或者负面的习惯，我们无法完全除掉它，只能用一种新的记忆或新的习惯去替换它。

（12）任何事情只要你能够持续不断地加强它，它终究会变成一种习惯。

（13）当我们持续寻找、追问答案的时候，它们最终都必将显现。

（14）任何人做任何事情都带有一种需求。尊重并满足对方的需求，别人才会尊重我们的需求。

（四）疏泄训练法的实施

（1）培训学习常用的疏泄技术，包括谈话性疏泄、运动性疏泄、书写性疏泄、哭泣性疏泄、发泄性疏泄，理解其原理、具体操作及注意事项。

（2）创造疏泄条件。鹤煤救护大队在原有的室内训练场安设了多个拳击沙袋；铺设了一体式标准羽毛球场地，并配备了足够数量的羽毛球拍及球，全天候开放；整修了室外篮球场，每小队都配备了篮球；每个中队均购置了乒乓球台，便于指战员通过运动性疏泄、发泄性疏泄及时排解压抑的情绪。

（五）放松训练法的实施

（1）组织指战员学习几种放松的方法，达到熟练掌握和运用。对于肌肉放松、呼吸放松、想象放松、正念放松及自生放松，由指战员自己灵活、自由进行训练，在需要时，随时放松自己。

（2）音乐放松法。鹤煤救护大队投资 1 万余元，在营区安装了音乐播放系统，依据中队需要适时播放音乐，以放松指战员身心，调节其情绪状态。选取音乐可参见表 6-3。

表 6-3　各种情绪状态选取音乐表

情绪状态	适宜的曲目风格	代表音乐
郁闷	选择优美动听、节奏明快、强弱分明的音乐，具有愉悦心情、疏肝解郁之功效，使精神、心理趋于常态	《春天来了》《喜洋洋》《雨打琵琶》《步步高》《喜相逢》《匈牙利狂想曲》《苏格兰》《沉思曲》
焦虑	选择轻缓低吟、旋律优美、柔和而抒情的音乐，具有宁心安神、去除烦恼之功效，可消除紧张、焦虑的情绪	《高山流水》《春江花月夜》《田园交响曲》《蓝色多瑙河》《蓝色狂想曲》《塞上曲》《苏武牧羊》《花之圆舞曲》
紧张	选择旋律低沉伤感、节奏有起伏变化、强弱有明显变化的音乐，具有抑制狂躁、愤怒，减轻情绪亢奋的功效	《平沙落雁》《白桦树》《三套车》《亚麻色头发的少女》《太阳雨》《天鹅湖》
挫折	选择旋律欢快激昂、节奏振奋人心、歌词积极向上的音乐，具有减轻悲观失望、减弱低沉消极情绪的功效	《保卫黄河》《国际歌》《娱乐升平》《解放军进行曲》《金蛇狂舞》《兰花花》《茉莉花》《涛声依旧》《望月》《珊瑚颂》《晚风》
孤独	选择旋律奔放豪迈、节奏明快并具有愉悦心情的音乐，身临其境使人感受到陪伴、力量、温暖与爱，缓解孤独之感	《大海》《水上音乐》《彩云追月》《松涛声远》《海浪》《雨滴》《泉水》
压抑	选择旋律轻柔、和谐清幽、优雅亲切的音乐，具有消除疲劳、舒心理气、增强食欲和胃肠功能的功效	《假日的海滩》《锦上添花》《春风得意》《江南好》《花好月圆》《欢乐舞曲》
倦怠	选择曲调低吟、缓慢而轻悠的音乐，摇篮曲的摇摆风格可以给人一种有规律的舒服节奏感，具有宁心安神、放松的功效	《平湖秋月》《烛影摇红》《军港之夜》《宝贝》《银河会》《摇篮曲》《催眠曲》

（六）认知调整技术、支持性心理治疗技术、暗示训练法、疏泄训练法及放松训练法效果检验

鹤煤救护大队于 2017 年开始系统地进行矿山救护指战员心理训练，经历近 4 年，全体救护指战员自我调节能力得到了增强，消除了遇到突发事件或面对陌生环境时出现的紧张、恐惧等现象，个人的承压能力普遍增强；队伍中拒不执行命令、破坏公共设施、辱骂领导、打架斗殴等激情犯错现象大大减少；2000 m 跑成绩上升；纠正了一些指战员在训练中的错误动作。

1. 救护指战员激情犯错变化情况

表 6-4 为鹤煤救护大队全体指战员 2009—2020 年度激情犯错次数统计表，图 6-2 为鹤煤救护大队全体指战员 2009—2020 年度激情犯错次数变化曲线图，从图 6-2 中可以看出，自 2017 年开展心理训练以来，激情犯错次数显下降趋势。

表 6-4　鹤煤救护大队全体指战员 2009—2020 年度激情犯错次数统计表

年度	拒不执行命令	破坏公共设施	辱骂领导	打架斗殴	激情犯错总次数
2009	3	1	3	1	8
2010	1	2	4	1	8
2011	2	1	1	2	6
2012	3	1	2	2	8
2013	1	0	4	1	6
2014	2	3	3	1	9
2015	2	2	2	1	7
2016	2	1	1	2	6
2017	1	1	1	1	4
2018	0	0	2	0	2
2019	1	0	1	0	2
2020	1	2	0	0	3

2. 解决 2000 m 跑步中的问题

在进行 2000 m 跑步考核时，大部分救护指战员在起跑命令发出前都会出现心跳加速、内心紧张、恐惧等现象。这种现象往往导致指战员跑步的节奏、步伐和呼吸紊乱，最终影响个人成绩。

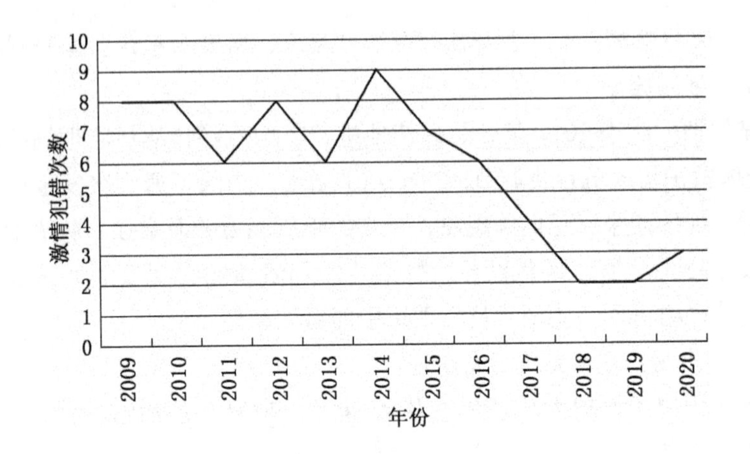

图 6-2　鹤煤救护大队全体指战员 2009—2020 年度激情犯错次数变化曲线图

1）解决方法

（1）采用自我语言暗示训练法，起跑前，由裁判提醒所有被考核的指战员，自己给自己加油鼓劲，以消除紧张心理。

（2）跑步中，指战员出现步伐和呼吸紊乱时，由裁判指派一名考核人员运用动作暗示法，以规律的步伐和呼吸进行领跑，引导被考核人员调整自己步伐和呼吸。

2）效果对比

以鹤煤救护大队三中队 8 小队 2000 m 跑步考核为例，表 6-5 为该小队 8 人 2000 m 跑步考核平均成绩的对比。

表 6-5　暗示训练法在 2000 m 跑步中的应用成绩对比

训练考核次数	采用方法	参加跑步队员平均成绩
第一次	未采用任何方法	9′15″
第二次	1. 起跑前，自我鼓励，消除紧张。 2. 跑步中期采用领跑	8′56″
第三次	1. 起跑前，自我鼓励，消除紧张。 2. 跑步中期采用领跑	8′51″

表6-5（续）

训练考核次数	采用方法	参加跑步队员平均成绩
第四次	1. 起跑前，自我鼓励，消除紧张。 2. 跑步中期采用领跑	8′49″
第五次	1. 起跑前，自我鼓励，消除紧张。 2. 跑步中期采用领跑	8′50″
第六次	1. 起跑前，自我鼓励，消除紧张	8′57″
第七次	1. 起跑前和中途步伐紊乱时进行自我鼓励，调整节奏，坚持到底。 2. 周围人员进行加油鼓励	8′50″

（1）由表6-5可以分析看出，当未采用任何方法时，第一次训练考核时参加跑步的队员平均成绩为9′15″，第二次采用起跑前自我鼓励和跑步中采用领跑等方式，队员的平均成绩提前到8′56″。第一次训练考核时，参加跑步队员中有部分人在跑步时出现心理紧张问题，第二次，经采用暗示训练法后，队员在心理方面得到一定的改善，并通过领跑的方式使整体的平均成绩得到了一定的提高。经过五次的连续训练考核，队员在进行跑步前逐渐消除了紧张的心理，成绩也逐渐稳定在8′50″左右。

（2）在进行2000 m中长跑考核过程中，不采用中期专人领跑，跑步队员的步伐和呼吸有一定的影响，造成平均成绩有所下降。在中期采用周围人员进行加油鼓励，提醒跑步队员内心自己调整状态后，成绩再次提升。

自我暗示的方法靠一些积极的思想和词语等对自己内心施加影响，可以减轻或消除内心的紧张或恐惧感，有效调整自己的情绪、注意力和意志，提高自我的控制能力；利用动作暗示能够给队员提供一种诱导性的视觉刺激，起到对一些技术动作的矫正作用，从而能够做出正确的技术动作。

3. 行为的改变——实施效果案例

【案例1】一队员在队列训练齐步走时，总是走成一顺，称为同手同脚，即同时伸出同一侧手和脚。为此，分3步训练：第一步，由他本人自己训练，先进行10 min的呼吸放松训练，然后，自己给自己下令齐步走，每天共计训练30 min，训练到第14天时纠正了过来；第二步，面对一小队长进行训练，由小队长下令，第一天再次出现同手同脚，经放松训练后，再进行队列训练，第二天即正常了；第三步，融入小队训练，训练前由本人提前进行呼吸放松 10 min，第一次即成功，从此，彻底纠正了同手同脚问题。

【案例 2】一队员在队列报数或整队报数时，因为紧张，长期以来面部只能做出“7”发音的口形，但是发不出来“7”的声音，然后形成定势，更改不过来了。后进行放松训练，即进行呼吸放松和肌肉放松训练，主要是放松面部肌肉，经过约 10 天，每天 40 min 的训练，报数成功。

通过上述案例可以看出，采用改变认知、支持性心理训练、暗示训练、疏泄训练及放松训练，可以有效缓解指战员遭遇困境后出现的焦虑、抑郁、冲动等负面情绪，使其保持良好的精神状态。在矿山救护队伍中采用一些增强指战员之间感情的娱乐活动、建立帮扶机制等方式，可以增强指战员之间的默契和情感，使指战员能够在矿山救援队伍中感受到家的温暖，增强队伍的团结力。

二、冲击训练法的实施及效果检验

（一）冲击训练法的实施

1. 想象冲击训练

定期组织集中观看瓦斯爆炸、煤尘爆炸等事故警示视频，每月每个中队观看时间不少于 1 h，每年每名指战员接受不少于 12 课时想象冲击训练。

表 6-6 想象冲击训练安排表

时间	单位			时间	单位		
	一中队	二中队	三中队		一中队	二中队	三中队
1 月	瓦斯爆炸事故	火灾事故	冒顶事故	7 月	瓦斯爆炸事故	火灾事故	冒顶事故
2 月	冒顶事故	自身伤亡事故	瓦斯突出事故	8 月	冒顶事故	自身伤亡事故	瓦斯突出事故
3 月	瓦斯突出事故	瓦斯爆炸事故	水灾事故	9 月	瓦斯突出事故	瓦斯爆炸事故	水灾事故
4 月	水灾事故	冒顶事故	火灾事故	10 月	水灾事故	冒顶事故	火灾事故
5 月	火灾事故	瓦斯突出事故	自身伤亡事故	11 月	火灾事故	瓦斯突出事故	自身伤亡事故
6 月	自身伤亡事故	水灾事故	瓦斯爆炸事故	12 月	自身伤亡事故	水灾事故	瓦斯爆炸事故

2. 人为制造压力源训练

在高温浓烟演习、佩用呼吸器爬山演习时故意制造假象，如有人突然晕倒、氧气瓶漏气、有人受伤，训练指战员在突发事件面前的处置能力。

3. 现实冲击实战

有实战机会时，在不影响救灾安全与进度的前提下，科学排班，使所有指战员全部轮流参战。

【案例3】 2017年9月16日22时13分，鹤煤公司×矿×××岩巷掘进工作面发生瓦斯燃烧事故，无遇险遇难人员。经侦查，掘进工作面左侧下部钻孔向外喷火，火焰达1 m多远；工作面右侧下部及上部各有一处明火，断面全部被火苗覆盖，可见被烧红的矸石；掘进工作面通风正常。随后，救护队采取用水直接灭火、工作面往外80 m处修建挡水墙以期灌水灭火、减少风量以减弱火势等措施，前后用时3天，共7个班次。鹤煤救护大队统筹安排救援力量，在7个班次中，组织全大队3个中队9个小队全部参加了事故救援，并且有意安排小队新队员冲在前沿，接受烟、火及高温的洗礼。

【案例4】 2017年12月23日12时许，鹤煤公司×矿×××采煤工作面发生自燃火灾。经查，为支架上方一冒落、空顶处煤体自燃，可见明火及发红的煤体。鹤煤救护大队先直接喷水灭火、在支架架间打钻注水灭火，最后建筑回风侧防爆墙、密闭墙封闭工作面，至2018年1月30日结束，全队共计参加119个班次，1018人次，每名队员都数次参战，并对新队员进行了重点锤炼，安排他们爬到支架尾部，持水管喷水灭火；在浓烟中佩用呼吸器打钻；在建筑防爆墙时，于最里端迎着浓烟负责垛沙袋。

（二）冲击训练效果检验

1. 心率变化量

用华为荣耀手环连续监测指战员观看事故演示视频时的心率，对比其安静时的心率，可得出心率变化量。观看事故演示视频时心率变化统计见表6-7，心率变化曲线如图6-3所示。

表6-7 观看事故演示视频时心率变化统计表

时间		指战员观看人数	指战员测量人数	安静时平均心率	观看时平均心率	平均每人心率升高量	备注
年	月						
2018	1	0	—	—	—	—	处理事故
	2	68	68	65	121	56	
	3	70	70	66	120	54	

表 6-7（续）

时间		指战员观看人数	指战员测量人数	安静时平均心率	观看时平均心率	平均每人心率升高量	备注
年	月						
2018	4	65	65	65	119	54	
	5	69	69	66	119	53	
	6	67	67	66	115	49	
	7	69	69	65	113	48	
	8	70	70	66	111	45	
	9	65	65	65	110	45	
	10	66	66	66	108	42	
	11	64	64	65	106	41	
	12	70	70	65	104	39	
2019	1	66	66	65	102	37	
	2	51	51	66	101	35	
	3	70	70	66	98	32	
	4	65	65	65	95	30	
	5	69	69	65	93	28	
	6	66	66	66	90	24	
	7	68	68	65	87	22	
	8	70	70	66	88	22	
	9	66	66	65	86	21	
	10	64	64	65	84	19	退队 3 人
	11	66	66	66	83	17	
	12	65	65	65	85	20	
2020	1	60	60	65	84	19	
	2	56	56	66	83	17	
	3	66	66	66	82	16	
	4	63	63	65	81	16	
	5	64	64	66	82	16	
	6	0	0	—	—	—	处理事故
	7	67	67	65	82	17	

表6-7（续）

时间		指战员观看人数	指战员测量人数	安静时平均心率	观看时平均心率	平均每人心率升高量	备注
年	月						
2020	8	66	66	66	83	17	
	9	65	65	66	82	16	
	10	64	64	65	81	16	
	11	63	63	66	82	16	
	12	59	59	65	82	17	

由表6-7及图6-3可以看出，随着想象冲击训练次数的增加，指战员心率的升高量逐渐下降，最终心率的升高量由开始的54~56次/min下降到后来的16~17次/min，并保持相对稳定。

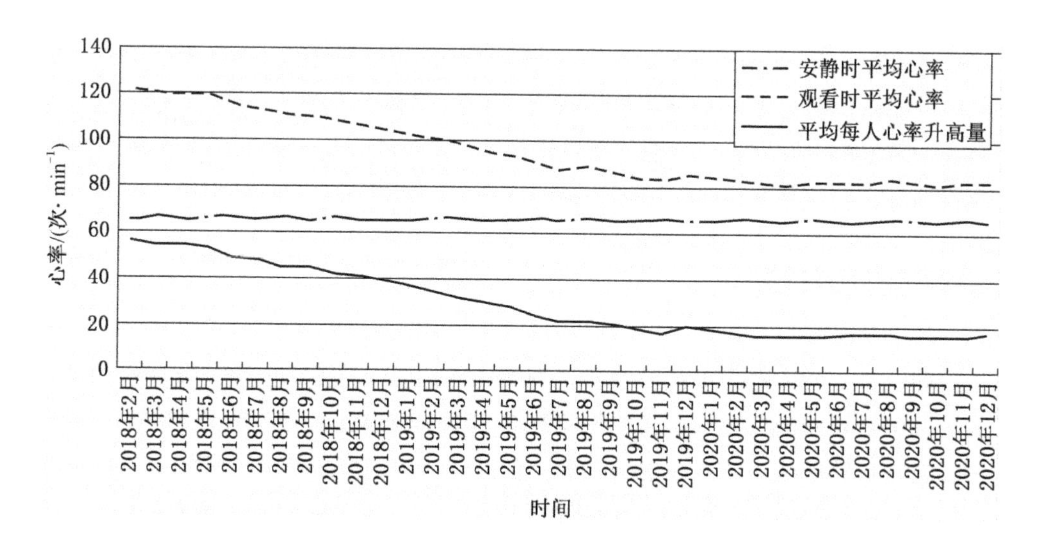

图6-3 观看事故演示视频时心率变化曲线

2. 行为的改变——人为制造压力源的应对改变

（1）在高温浓烟演习中故意制造假象，如有人突然晕倒，氧气瓶漏气，有人受伤。开始时，队员忙成一团，看到有人晕倒，有人受伤，也不分析原因，不查看情况，几人手忙脚乱地直接往演习洞口拉。对于氧气瓶漏气的，不报告，也不换上 2 h 呼吸器，直接憋着气往外走。为更真实地模拟灾区，安排专人在演习巷道中充入有毒气体，如 CO（实际上是标有气体名称的空瓶）。经历了几次后，小队长就能组织力量，按规定程序处理伤员；个人仪器出现问题的，先发出求救信号，然后换 2 h 呼吸器后撤出。

（2）在佩用呼吸器爬山演习时，一队员下山时依据事先的安排，假装滑倒昏迷，因禁止携带手机，不能联系 120，现场其他人员包括中、小队指挥员，表现较差，一直喊叫，根本不按照急救有关规定对伤员进行检查、心肺复苏、创伤处置，而是直接组织力量抬运下山。但在第二次设置此类场景时，现场人员全部能够依照相关规定处置突发情况。

三、系统脱敏训练法的实施及效果检验

鹤煤救护大队在实施系统脱敏训练中，想象脱敏由指战员自行训练，主要组织现实脱敏训练，包括授课训练及公共区域训练，授课训练由心理素质稍差、易紧张的新队员上台授课；公共区域训练，是组织各中队到在人流量大的公共场所，如鹤壁市山城区枫岭公园、新世纪广场、淇河金沙滩，进行易受外界干扰的项目训练，包括军事化队列训练及席位操作、心肺复苏、安装苏生器、互换氧气瓶、更换 2 h 呼吸器仪器操作训练。

（一）授课训练

1. 授课组织

鹤煤救护大队每个中队，选择心理素质稍差、易紧张的新队员，一中队 6 人，二中队 8 人，三中队 5 人，按指定内容提前备好课，经项目组审定、修改后，由选中的新队员在所在中队内部上台授课，中队指战员全员参加，项目组参与指导、收集数据。每次每人授课时间为 20 min，上台授课前，指导选中的队员进行放松训练，授课结束，再进行放松训练。从 2018 年至 2020 年，要求每中队自行组织训练，每季度由项目组进行考评授课效果，共记录、考评了 10 次。

2. 授课训练效果

按表 6-8 授课得分标准进行评分，用秒表记录授课时长，并连续监测上台授课新队员心率，计算每个中队授课新队员每次授课时的平均授课得分、平均授课时长及平均心率。授课效果统计见表 6-9。

表6-8 授课得分标准

项　　目	标准	授课得分
面部表情自然	5~15	
肢体动作不僵硬，流畅	5~15	
吐字清晰，有顿挫	5~15	
语言生动，不背诵备课内容	5~15	
有发挥，且解释讲述内容	5~20	
备课内容讲述清楚	5~15	
不超规定时间 15 min	不超时得 5 分；超时得 0 分	

表6-9 授课效果统计表

序次	评价指标	单位			备注
		一中队	二中队	三中队	
第一次	心率/(次·min^{-1})	151	148	150	
	授课时长/min	15	17	18	
	授课得分	62	59	60	
第二次	心率/(次·min^{-1})	148	145	148	
	授课时长/min	12	15	16	
	授课得分	67	65	65	
第三次	心率/(次·min^{-1})	135	140	145	
	授课时长/min	11	14	15	
	授课得分	73	72	70	
第四次	心率/(次·min^{-1})	133	138	140	
	授课时长/min	10	12	13	
	授课得分	80	80	79	
第五次	心率/(次·min^{-1})	132	132	135	
	授课时长/min	9	11	11	
	授课得分	85	90	85	
第六次	心率/(次·min^{-1})	130	130	130	
	授课时长/min	9	10	11	
	授课得分	89	92	88	

表 6-9（续）

序次	评价指标	单位			备注
		一中队	二中队	三中队	
第七次	心率/(次·min^{-1})	128	128	128	
	授课时长/min	8	9	10	
	授课得分	92	93	90	
第八次	心率/(次·min^{-1})	127	125	126	
	授课时长/min	9	9	8	
	授课得分	93	94	93	
第九次	心率/(次·min^{-1})	126	122	122	
	授课时长/min	8	8	8	
	授课得分	94	94	93	
第十次	心率/(次·min^{-1})	125	119	120	
	授课时长/min	8	8	9	
	授课得分	95	96	94	

由表 6-9 及授课得分变化曲线（图 6-4）、授课时心率变化曲线（图 6-5）、授课时长变化曲线（图 6-6）可知，随着授课次数的增加，授课新队员平均心率呈下降趋势，并保持稳定；平均授课得分稳定增长；平均授课时长下降，最后稳定在 9 min 以内。

（二）公共区域军事化队列训练

鹤煤救护大队公共区域军事化队列训练分为中队军事化队列训练、小队军事化队列训练和个人军事化队列 3 种，按紧张、焦虑程度由低到高依次进行，逐渐脱敏，消除或缓解紧张，适应环境压力。

1. 训练组织

2018 年，鹤煤救护大队 3 个中队，每月进行一次公共区域中队军事化队列训练，每次训练 3 遍，每遍全程用时控制在 30 min 之内。在开始进行队列训练前，进行 30 min 的放松训练；训练结束，再进行放松训练。

2019 年，每中队每月进行一次公共区域中队军事化队列训练。训练程序：

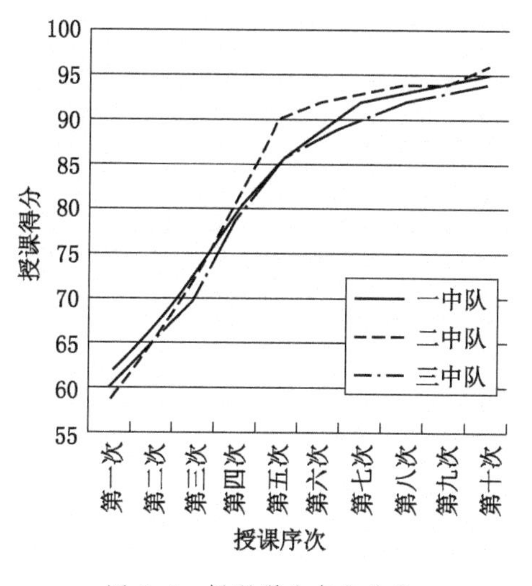

图 6-4 授课得分变化曲线

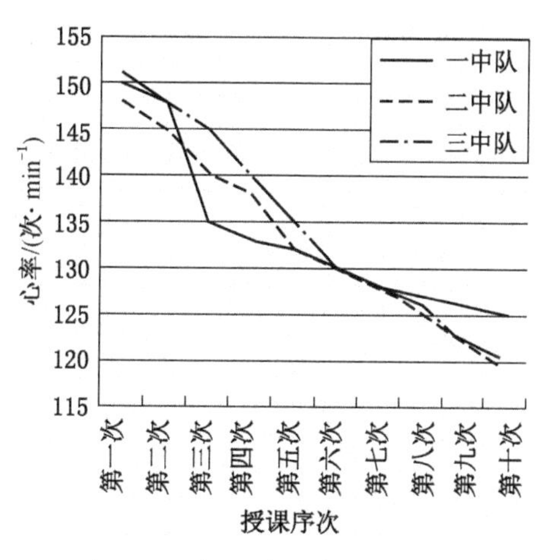

图 6-5 授课时心率变化曲线

放松 30 min→中队军事化队列训练→3 遍（放松→各小队分开进行小队军事化队列训练→放松）。

2020 年，每中队组织所属小队，每月进行一次公共区域个人军事化队列训练。训练程序：放松 30 min→小队军事化队列训练→3 遍（放松→个人军事化队列训练→放松）。

在进行中队军事化队列、小队军事化队列和个人军事化队列训练时，按表 6-10 记录出错次数、指战员平均心率。

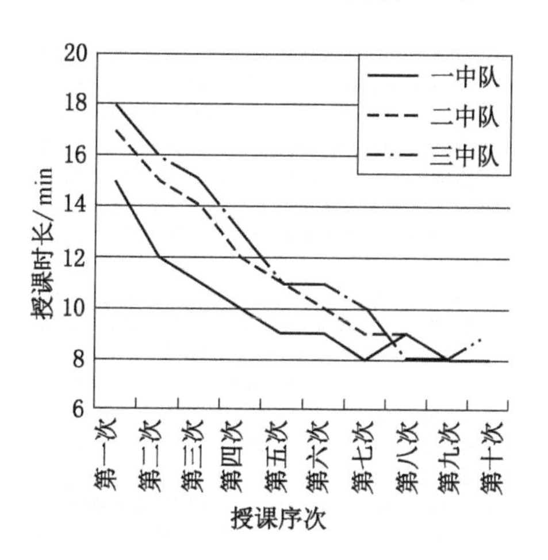

图 6-6 授课时长变化曲线

表 6-10 公共区域军事化队列训练记录表

姓名	解散	集合	立正稍息	整齐	报数	停止间转法	齐步走	正步走	跑步走	立定	步伐变换	行进间转法	纵队方向变换	队列敬礼	出错次数总计	心率

地点： 队别： 时间 年 月 日

2. 训练效果

由表6-11公共区域军事化队列训练效果统计表及3个中队军事化队列训练时出错次数、平均心率曲线图（图6-7~图6-12）可以看出：

表6-11 公共区域军事化队列训练效果统计表

训练序次			一	二	三	四	五	六	七	八	九	十	备注
一中队	中队训练	人数	23	23	23	23	23	23	23	22	22	22	
		出错次数	18	15	11	8	5	4	2	1	1	0	
		平均心率	132	128	123	119	116	110	108	107	107	106	
	小队训练	人数	23	23	23	23	23	23	23	22	22	22	
		出错次数	28	25	21	16	11	6	4	3	2	2	
		平均心率	138	135	131	127	123	118	113	112	111	109	
	个人训练	人数	23	23	23	23	23	23	23	22	22	22	
		出错次数	34	31	26	22	15	11	8	5	4	3	
		平均心率	143	139	135	129	125	118	115	114	112	111	
二中队	中队训练	人数	21	21	21	21	21	21	21	21	21	21	
		出错次数	16	15	11	9	5	5	2	1	1	1	
		平均心率	130	128	124	120	116	112	110	108	108	107	
	小队训练	人数	21	21	21	21	21	21	21	21	21	21	
		出错次数	24	23	20	15	11	6	4	3	2	2	
		平均心率	136	135	130	126	121	116	112	111	111	109	
	个人训练	人数	21	21	21	21	21	21	21	21	21	21	
		出错次数	31	30	25	21	16	11	7	5	3	3	
		平均心率	141	138	133	129	124	119	115	113	112	112	
三中队	中队训练	人数	23	23	23	23	22	22	22	22	22	22	
		出错次数	15	14	11	9	5	4	3	2	1	0	
		平均心率	130	127	124	120	115	112	110	109	107	107	
	小队训练	人数	23	23	23	23	22	22	22	22	22	22	
		出错次数	27	25	21	17	12	6	5	3	3	2	
		平均心率	138	135	131	127	123	118	113	112	111	109	
	个人训练	人数	23	23	23	23	22	22	22	22	22	22	
		出错次数	32	30	27	23	15	11	7	4	3	2	
		平均心率	140	137	133	129	125	118	113	111	110	110	

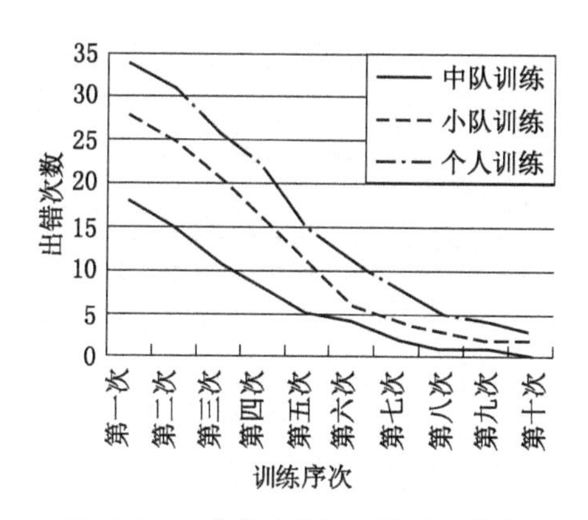

图 6-7 一中队公共区域队列训练出错次数曲线图

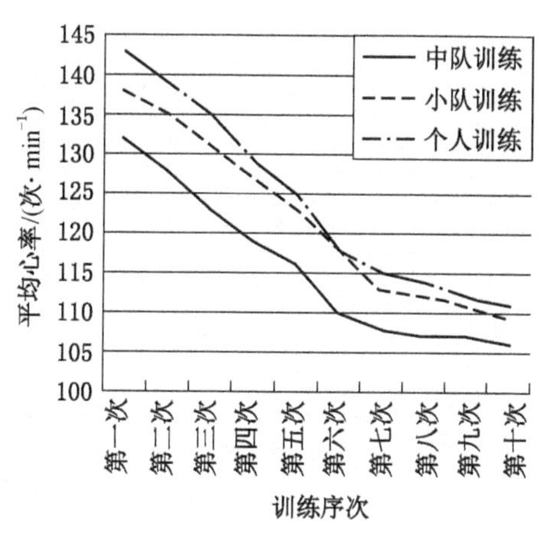

图 6-8 一中队公共区域队列训练平均心率曲线图

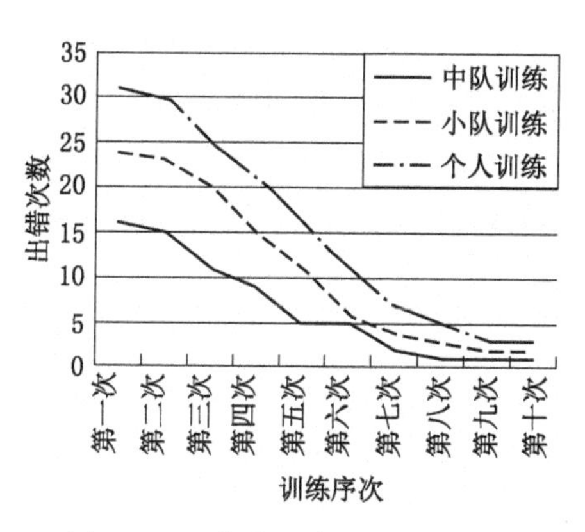

图 6-9 二中队公共区域队列训练出错次数曲线图

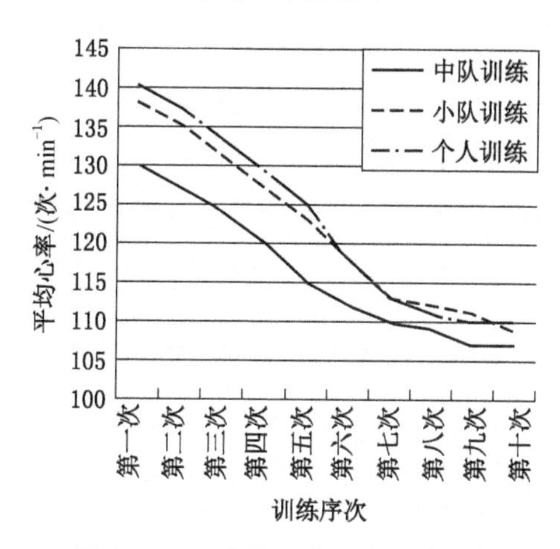

图 6-10 二中队公共区域队列训练平均心率曲线图

（1）中队、小队和个人军事化队列随着公共区域训练次数的增多，出错次数和平均心率呈现明显下降趋势，最终出错次数趋于零。

（2）当进行小队及个人军事化队列时，出错次数和平均心率出现不稳定状态，与中队军事化队列出现偏差。其原因为，进行小队军事化队列人数少，个人军事化队伍只 1 个人，个人暴露程度大，导致心理出现较大变化，但随着训练次数的增多，心率逐渐下降并保持平稳。

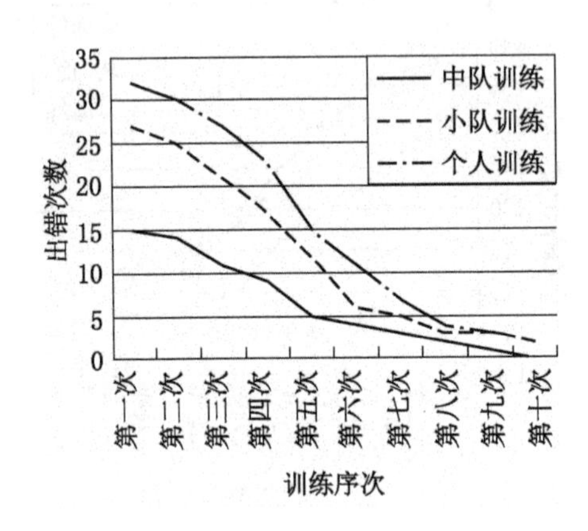

图6-11　三中队公共区域队列训练出错次数曲线图

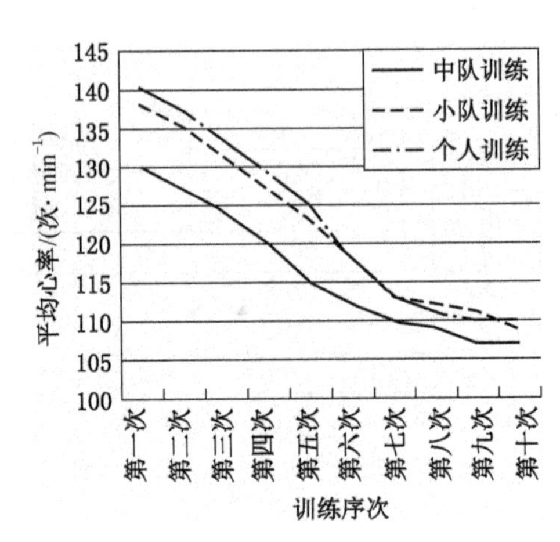

图6-12　三中队公共区域队列训练平均心率曲线图

（三）公共区域仪器操作训练

在公共区域，依据操作项目动作的复杂程度，由低到高逐项训练，待复杂程度低的项目脱敏后，再进行下一项复杂程度稍高的项目。项目训练顺序为：更换2 h呼吸器、互换氧气瓶、席位操作、安装苏生器及心肺复苏。均为个人项目，由中队组织，每月训练一次，记录训练指战员操作时的心率、出错次数及完成时间。每次训练前，均做放松训练，完成操作后，再进行放松训练。

1. 更换2 h呼吸器

更换2 h呼吸器训练成绩统计见表6-12，平均心率变化曲线、平均完成时间变化曲线和人均出错次数变化曲线分别如图6-13~图6-15所示。

表6-12　更换2 h呼吸器训练成绩统计表

序次	评价指标	单位			备注
		一中队	二中队	三中队	
第一次	训练人数	21	20	23	
	平均心率/(次·min^{-1})	141.9	145.2	139.8	
	平均完成时间/s	39.1	43.1	40.6	
	人均出错次数	2.1	3.4	2.7	
第二次	训练人数	22	19	22	
	平均心率/(次·min^{-1})	137.7	140.9	139	

表6-12（续）

序次	评价指标	单位			备注
		一中队	二中队	三中队	
第二次	平均完成时间/s	35.7	42	38.7	
	人均出错次数	1.7	3.2	2.6	
第三次	训练人数	23	21	22	
	平均心率/(次·min^{-1})	131.2	139.5	137.8	
	平均完成时间/s	28	37.9	37.4	
	人均出错次数	0.8	2.8	2.1	
第四次	训练人数	20	21	21	
	平均心率/(次·min^{-1})	124.1	137.8	134.9	
	平均完成时间/s	23.8	35.1	36.3	
	人均出错次数	0.4	2.5	1.9	
第五次	训练人数	22	18	23	
	平均心率/(次·min^{-1})	116.4	134.4	130.4	
	平均完成时间/s	20.4	32.1	34.3	
	人均出错次数	0.2	2.1	1.6	
第六次	训练人数	21	21	20	
	平均心率/(次·min^{-1})	110	125.6	123.6	
	平均完成时间/s	19.8	23.1	22.9	
	人均出错次数	0.1	0.2	0.1	

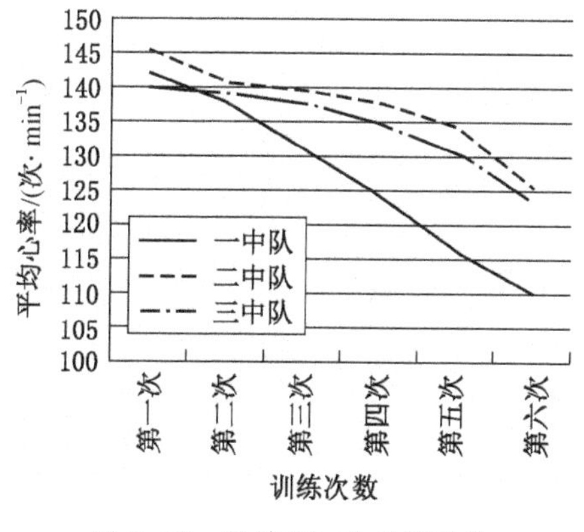

图6-13 更换2h呼吸器平均心率变化曲线图

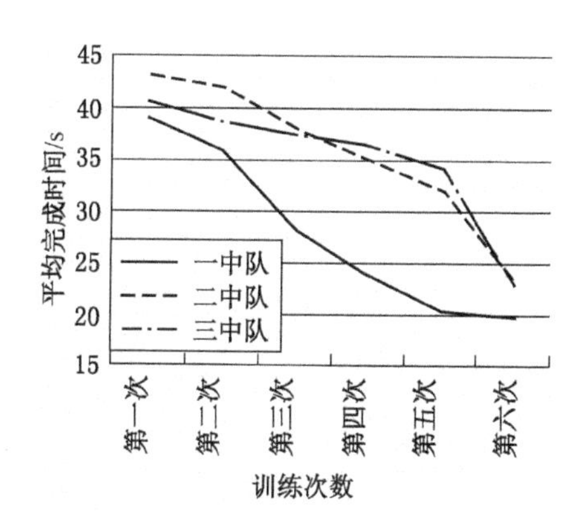

图6-14 更换2h呼吸器平均完成时间变化曲线图

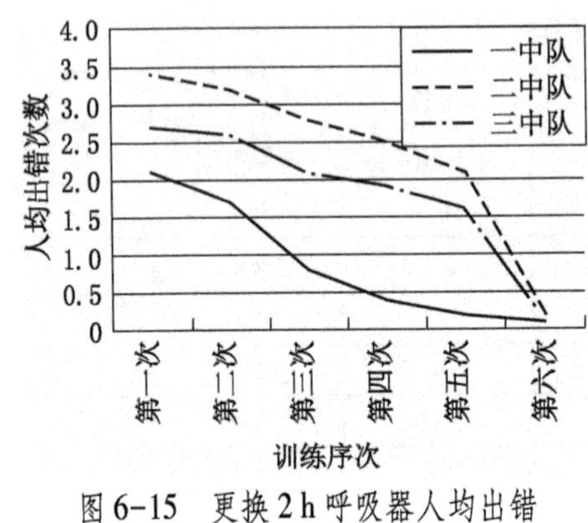

图 6-15　更换 2 h 呼吸器人均出错次数变化曲线图

2. 互换氧气瓶

互换氧气瓶训练成绩统计见表 6-13，互换氧气瓶平均心率变化曲线、平均完成时间曲线和人均出错次数分别如图 6-16～图 6-18 所示。

3. 席位操作

席位操作训练成绩统计见表 6-14，席位操作训练平均心率变化曲线、平均完成时间曲线和人均出错次数曲线分别如图 6-19～图 6-21 所示。

表 6-13　互换氧气瓶训练成绩统计表

序次	评价指标	单位			备注
		一中队	二中队	三中队	
第一次	训练人数	23	21	23	
	平均心率/(次·min^{-1})	141.5	144.8	139.1	
	平均完成时间/s	60.8	65.8	63.8	
	人均出错次数	3.7	4.5	6.1	
第二次	训练人数	22	20	22	
	平均心率/(次·min^{-1})	139.9	140.3	135.8	
	平均完成时间/s	57.6	61.9	62.0	
	人均出错次数	1.6	4.1	5.0	
第三次	训练人数	21	19	21	
	平均心率/(次·min^{-1})	135.1	140.0	132.6	
	平均完成时间/s	51.9	55.8	56.9	
	人均出错次数	0.8	2.4	3.0	
第四次	训练人数	23	20	23	
	平均心率/(次·min^{-1})	127.1	135.1	128.4	
	平均完成时间/s	42.9	50.1	49.6	
	人均出错次数	0.5	1.1	2.0	

表 6-13（续）

序次	评价指标	单位			备注
		一中队	二中队	三中队	
第五次	训练人数	22	21	19	
	平均心率/(次 · min^{-1})	117.6	126.7	124.8	
	平均完成时间/s	38.2	42.1	45.4	
	人均出错次数	0.3	0.6	1.1	
第六次	训练人数	20	18	23	
	平均心率/(次 · min^{-1})	108.6	110.8	121.1	
	平均完成时间/s	34	37	40.1	
	人均出错次数	0.1	0.1	0.3	

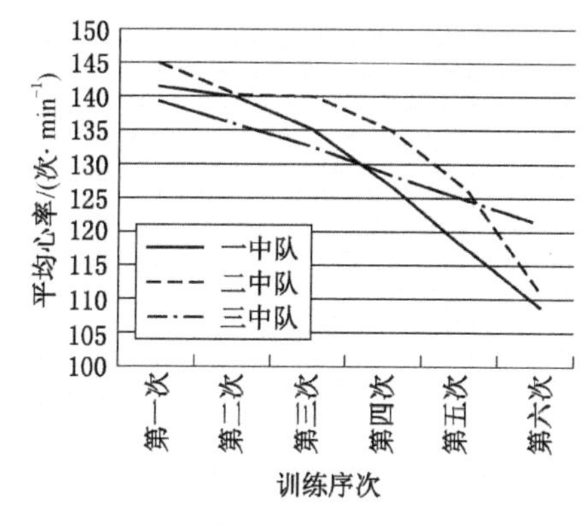

图 6-16　互换氧气瓶平均心率变化曲线图

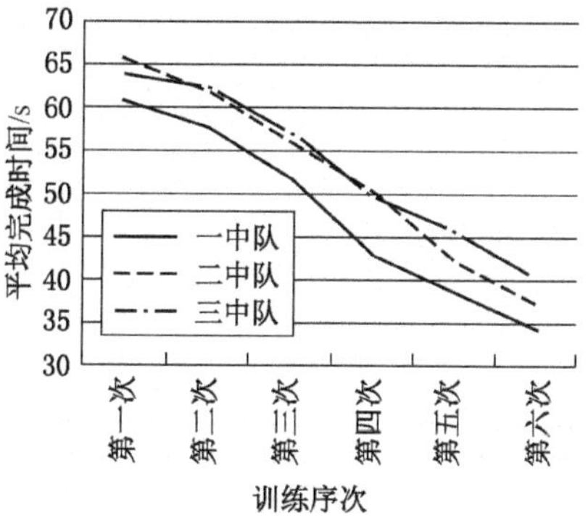

图 6-17　互换氧气瓶平均完成时间曲线图

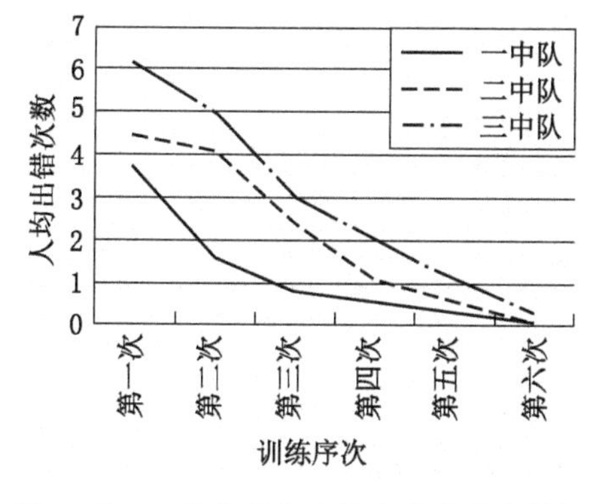

图 6-18　互换氧气瓶人均出错次数曲线图

表 6-14　席位操作训练成绩统计表

序次	评价指标	单位			备注
		一中队	二中队	三中队	
第一次	训练人数	21	19	23	
	平均心率/(次·min^{-1})	141.4	143.9	139	
	平均完成时间/s	420.6	452.1	447.9	
	人均出错次数	9.2	10.6	12.0	
第二次	训练人数	23	21	23	
	平均心率/(次·min^{-1})	137	140	135.4	
	平均完成时间/s	387.3	440.5	420.1	
	人均出错次数	4.8	8.1	9.3	
第三次	训练人数	23	20	21	
	平均心率/(次·min^{-1})	130.5	136.7	131.9	
	平均完成时间/s	316.8	378.3	391.3	
	人均出错次数	1.8	4.1	5.0	
第四次	训练人数	22	18	23	
	平均心率/(次·min^{-1})	121.8	130.1	127.9	
	平均完成时间/s	222	256	260.1	
	人均出错次数	0.3	1.5	2.0	
第五次	训练人数	21	19	22	
	平均心率/(次·min^{-1})	111.7	126.9	123.5	
	平均完成时间/s	209.8	218.5	220.4	
	人均出错次数	0.17	0.9	1.0	
第六次	训练人数	19	18	20	
	平均心率/(次·min^{-1})	108.5	111.7	120.1	
	平均完成时间/s	199	210.1	201.8	
	人均出错次数	0.05	0.1	0.32	

4. 安装苏生器

安装苏生器训练成绩统计见表 6-15，安装苏生器训练平均心率变化曲线、平均完成时间曲线和人均出错次数曲线分别如图 6-22~图 6-24 所示。

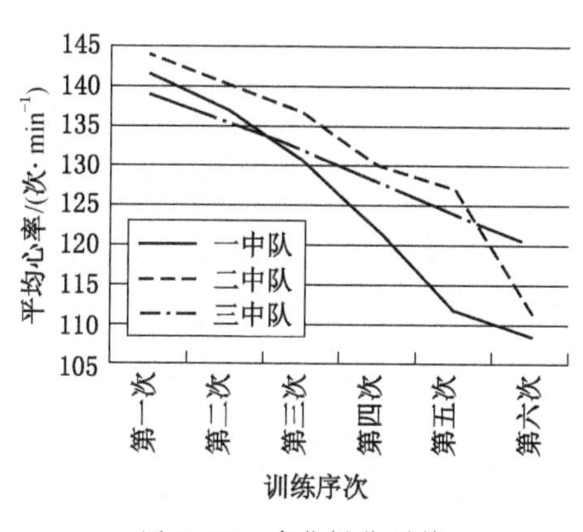

图 6-19　席位操作训练平均心率变化曲线图

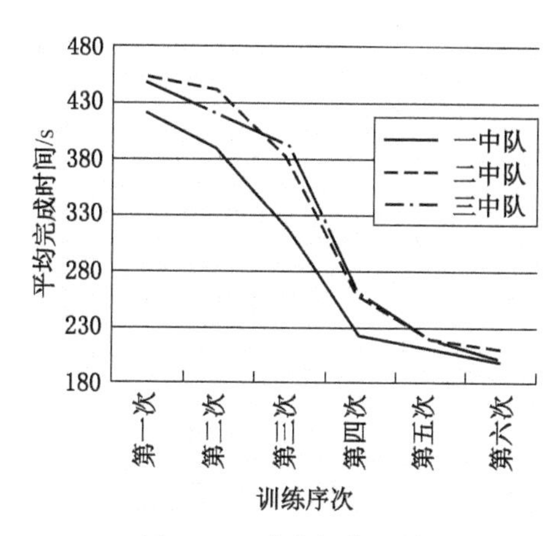

图 6-20　席位操作训练平均完成时间曲线图

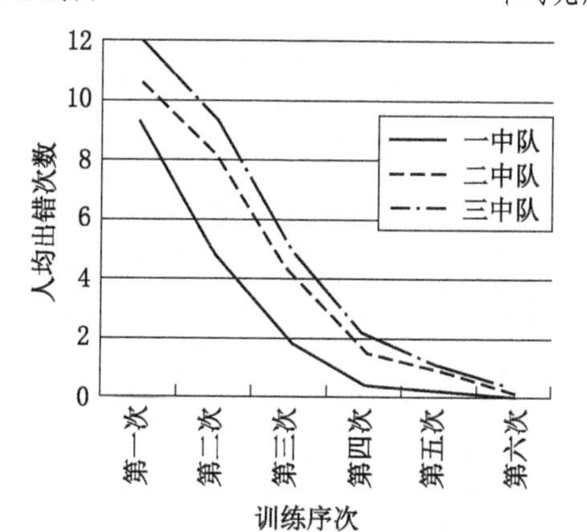

图 6-21　席位操作人均出错次数曲线图

表 6-15　安装苏生器训练成绩统计表

序次	评价指标	单位			备注
		一中队	二中队	三中队	
第一次	训练人数	23	21	23	
	平均心率/(次·min^{-1})	141.1	139.3	141.0	
	平均完成时间/s	51.7	56.9	59.3	
	人均出错次数	2.7	3.0	3.6	
第二次	训练人数	22	19	20	
	平均心率/(次·min^{-1})	133.5	135.5	137.9	

表 6-15（续）

序次	评价指标	单位			备注
		一中队	二中队	三中队	
第二次	平均完成时间/s	43.1	50.1	52.4	
	人均出错次数	0.7	1.3	1.9	
第三次	训练人数	21	19	23	
	平均心率/(次·min^{-1})	124.2	126.8	129.7	
	平均完成时间/s	31.7	42.0	46.1	
	人均出错次数	0.3	1.1	1.3	
第四次	训练人数	21	20	19	
	平均心率/(次·min^{-1})	116.1	123.7	125.2	
	平均完成时间/s	24.3	31.0	33.3	
	人均出错次数	0.05	0.7	0.98	
第五次	训练人数	20	18	19	
	平均心率/(次·min^{-1})	108.7	120.3	123.1	
	平均完成时间/s	20.7	25.1	26.0	
	人均出错次数	0	0.2	0.12	
第六次	训练人数	22	19	23	
	平均心率/(次·min^{-1})	105	110.5	108.5	
	平均完成时间/s	19	21	20	
	人均出错次数	0	0	0.03	

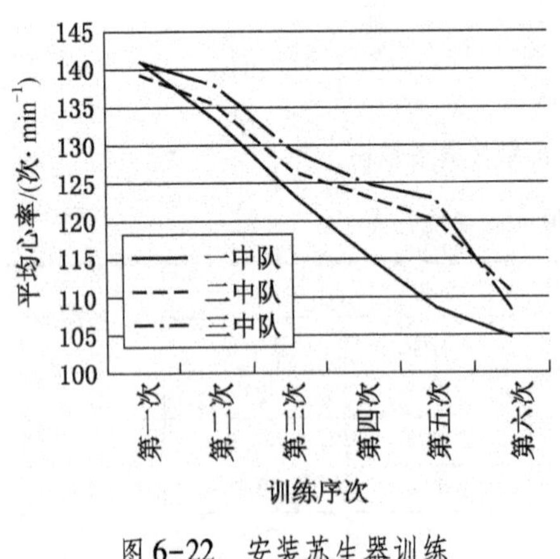

图 6-22　安装苏生器训练平均心率变化曲线图

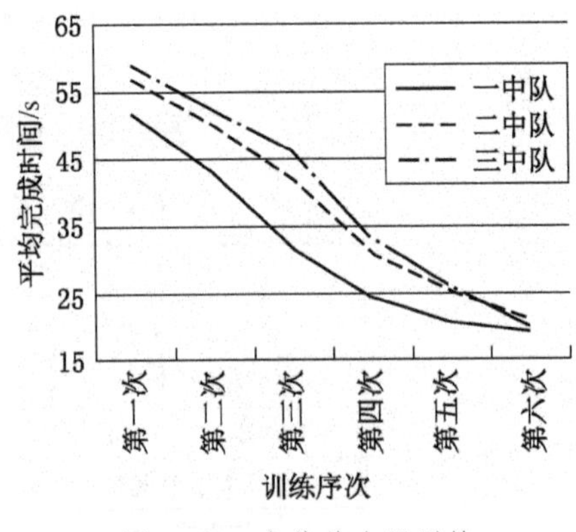

图 6-23　安装苏生器训练平均完成时间曲线图

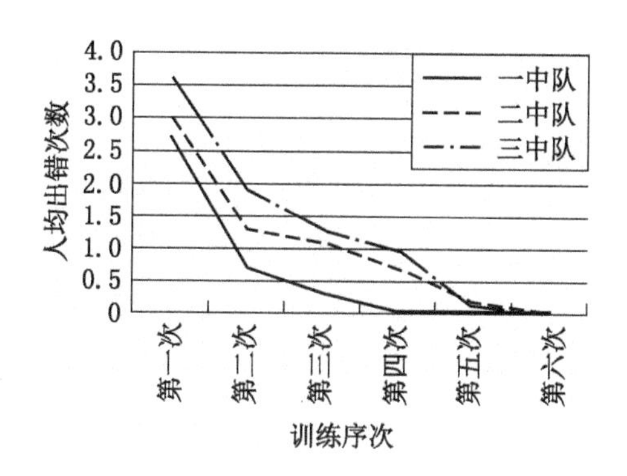

图 6-24 安装苏生器人均出错次数曲线图

5. 心肺复苏

心肺复苏训练成绩统计见表 6-16，心肺复苏训练平均心率变化曲线和人均出错次数曲线分别如图 6-25 和图 6-26 所示。

表 6-16 心肺复苏训练成绩统计表

序次	评价指标	单位			备注
		一中队	二中队	三中队	
第一次	训练人数	22	21	20	
	平均心率/(次·min^{-1})	141.3	143.8	144.9	
	人均出错次数	104.7	168.9	156.2	
第二次	训练人数	23	21	23	
	平均心率/(次·min^{-1})	136.3	140.1	142.9	
	人均出错次数	82	120	123	
第三次	训练人数	21	17	23	
	平均心率/(次·min^{-1})	128.9	139.4	141.2	
	人均出错次数	51.7	78.9	87.3	
第四次	训练人数	23	21	23	
	平均心率/(次·min^{-1})	120.7	124.8	126.9	
	人均出错次数	20.8	45.8	54.8	
第五次	训练人数	22	19	23	
	平均心率/(次·min^{-1})	113	120.5	123.6	
	人均出错次数	7.5	34.1	41.0	

表 6-16（续）

序次	评价指标	单位			备注
		一中队	二中队	三中队	
第六次	训练人数	19	18	22	
	平均心率/(次·min^{-1})	106.8	120.1	119.7	
	人均出错次数	2.7	4.5	4.66	

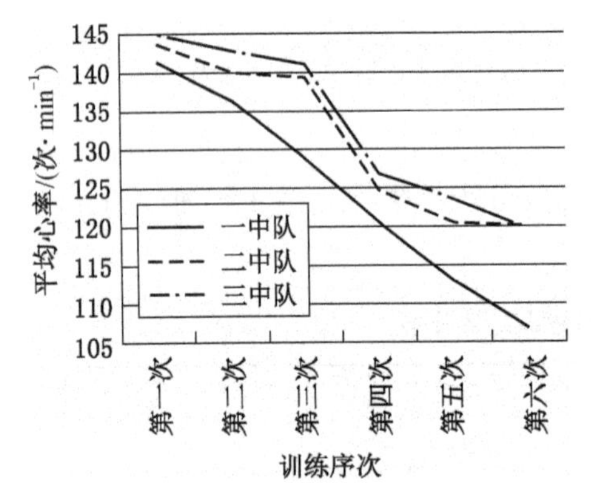

图 6-25　心肺复苏训练平均心率曲线图

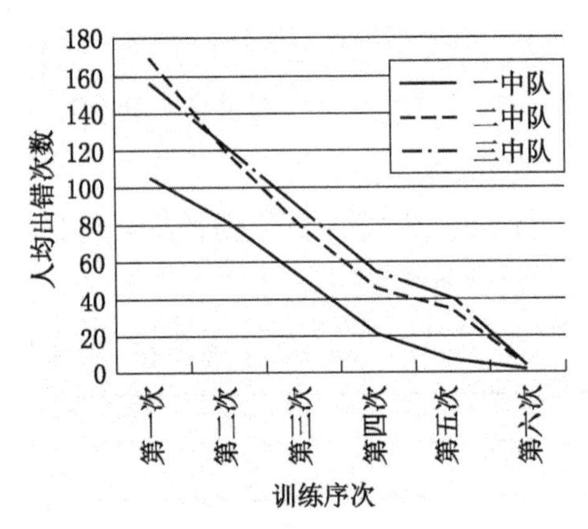

图 6-26　心肺复苏训练人均出错次数曲线图

6. 公共区域仪器操作训练效果

（1）经过多次公共区域仪器操作训练，指战员在进行仪器操作时心率呈现明显地下降趋势，说明指战员在经过多次的训练后，心理调节能力得到了提高，心率逐渐降低并趋于稳定。

（2）从心率与出错次数两个曲线图能够看出：当指战员进行仪器操作时，心率越高，则出错次数越多，说明在高度紧张的情况下出错率高；随着操作训练的次数增多后，心率逐渐降低，同时出错次数相应减少，说明通过训练，指战员适应了压力环境，自我心理调节能力得到了提高。

（3）从更换 2 h 氧气呼吸器、互换氧气瓶、席位操作、安装苏生器中可以看出：随着训练的次数增多，心率、出错次数和完成时间都相应减少，在完成时间方面逐渐达到 100% 合格，出错率也逐渐趋于零。这说明当队员心率稳定后，在进行仪器操作时更能够操作熟练准确。

（4）指战员第一次进行心肺复苏项目训练时，由于紧张导致心率快，致使按压出错次数和吹气出错次数特别高，但随着训练次数的增多，指战员心态保持稳定后，按压出错次数与吹气出错次数相应减少，并最终能够全员达到合格。

第四节　心理训练应用效果

一、技能竞赛获佳绩

2020年10月，河南能源举办第七届矿山救护工技能竞赛，竞赛设理论知识、体能、席位及心肺复苏4个项目，河南能源所属5支救护大队参加，每队5人。鹤煤救护大队参赛的5名队员中，有3名都是新入队队员，没有参加队外竞赛的经历。为了提升他们的心理素质，以便在赛场上能沉着冷静，充分发挥出来自己的水平，鹤煤救护大队对参赛队员进行了放松训练和系统脱敏训练等心理训练。表6-17为5名队员心理训练前、后及竞赛成绩。

表6-17　参赛队员训练及竞赛成绩统计表

参赛队员		1号	2号	3号（新队员）	4（新队员）	5（新队员）
队内日常封闭训练成绩	席位操作时间/s	185	180	200	190	192
	心肺复苏错误次数	1	0	3	1	1
第一次公共区域训练成绩	席位操作时间/s	201	210	320	313	350
	心肺复苏错误次数	14	15	39	39	45
两个月心理训练后公共区域训练成绩	席位操作时间/s	180	175	190	183	179
	心肺复苏错误次数	2	0	1	2	1
竞赛成绩	席位操作时间/s	189.9	184.4	220.7	191	220.6
	心肺复苏错误次数	0	0	0	0	0
竞赛名次		1	2	7	3	4

从表6-17可以看出，5名队员在队内日常封闭训练的成绩相对优秀，但第一次在公共区域进行操作训练，5名队员的成绩均出现下滑，之前参加过比赛的

1号及2号两名队员成绩相差不大，但也出现了失误，3名新队员的成绩则大幅度下降，且错误次数明显增多。进行了两个月的心理训练后，公共区域训练成绩上升且保持稳定。最终，5名队员分别获得河南能源第七届矿山救护工技能竞赛的个人前四名和第七名，并获得团体第一名的好成绩。

二、事故处理现能力

2021年6月4日17时50分，鹤煤公司×矿×××煤巷掘进工作面发生煤与瓦斯突出事故，突出煤量约1020 t，瓦斯 10×10^4 m^3，遇险9人。鹤煤救护大队共计投入41小队次，350余人次，历经8个班次，先后完成灾区侦察580 m、续接风筒65 m，搜救出8名遇难人员、1名遇险人员，并完成了气体监测、清煤监护、运送遇难人员等工作。

（1）首批到达事故现场的指战员，面对险情，没有退缩，表现积极、沉稳，按规定进行侦察、搜救遇险人员，对首先发现的两名遇险者，立即进行了施救。经过清理口腔、鼻腔内污物后，进行胸外按压和人工呼吸，一人获救，另一人经判定遇难。在处置过程中，指战员做到了胆大、心细、不怕脏，表现出来良好的职业素养和心理素质。

（2）在后续清理突出的煤炭时，现场矿方人员一遇到遇难者遗体就一哄而散，救护指战员能主动上前，一边给矿方人员进行心理安慰，一边动手清出遇难者遗体，并转运至安全地点。特别是新近入队的队员，也能克服自己的心理障碍，调整好心态，积极、主动搬运尸体、整理尸体。

（3）在事故处理中，指战员每天需地面待机8 h、井下现场救援8 h，连续16 h工作，异常辛苦，但广大指战员没有牢骚与抱怨，全部做到了忍耐、包容与理解。

（4）加强了对获救遇险矿工的心理支持。遇险矿工因受强烈刺激，已表现出急性应激障碍（ASD）征兆，事故现场专门安排两名救护队员对其看管、安抚，并全程护送升井。

在此次事故处理中，鹤煤救护大队全体指战员表现出色，受到了上级领导的表扬与称赞。

三、效果总结

鹤煤公司救护大队立项对矿山救护指战员心理训练进行了专门研究与试验，全队参与，历时4年，获得了一定成果，积累了丰富的经验。

（1）通过在鹤煤救护大队中采用认知调整技术、支持性心理治疗技术、暗示训练、疏泄训练和放松训练5种心理训练方法，拒不执行命令、破坏公共设施、辱骂领导、打架斗殴等激情犯错由最初每年平均6~9起，减少到每年2~3起；救护指战员在进行体能训练和技术操作等训练时的技术动作得到了矫正，错误次数大幅度减少；在遭遇困境或其他影响心情的事情时，自我调节能力和消除焦虑、抑郁、冲动等负面情绪的能力得到了提升；减缓了指战员在日常战备值班时高度紧张状态，指战员个人的心理调适能力得到提升。

（2）通过冲击训练，指战员多次观看矿井灾害事故片，培养了指战员面对各类灾害事故的勇气；利用两起处理矿井事故的机会，合理安排人员，使每名指战员都经历了实战的锻炼，新队员和心理素质差的队员消除了面对灾害场景时的焦虑和恐惧心理，培养了勇敢顽强、坚忍不拔、灵活应变的意志品质。

（3）通过授课训练、公共区域军事化队列训练及仪器操作训练等系统脱敏训练，指战员心率由开始远高于平静时的心率，到随着训练次数增加，逐渐下降并保持平稳，军事化队列及仪器操作出错次数减少，达到了脱敏的目的。

这套矿山救护指战员心理训练方案，不仅适用于矿山救护行业，同时对提升部队士官、公安民警、消防救援人员及从事危险行业的作业人员的心理素质亦有借鉴意义。

参 考 文 献

[1] 曾凡付. 浅析矿山救护队凝聚力的培育 [J]. 山东煤炭科技, 2022, 40 (3): 200-202.
[2] 曾凡付. 从社会角色理论看新入职矿山救护队员的角色转换 [J]. 矿山救护, 2021, 269 (6): 26-31.
[3] 曾凡付. 矿山救护队士气分析及提升对策 [J]. 矿山救护, 2021, 268 (5): 38-42.
[4] 曾凡付. 浅析事故现场对伤员的心理援助 [J]. 矿山救护, 2021, 267 (4): 30-32.
[5] 曾凡付. 矿山救护队心理素质训练研究 [J]. 能源与节能, 2020, 182 (11): 181-184.
[6] 陈文雯, 王铭. 理性情绪疗法在新冠肺炎疫情期间大学生心理调适中的应用 [J]. 煤炭高等教育, 2020, (2): 76-79.
[7] 陈燕峰, 武圣君, 画妍, 等. 心理资本和士气对陆军官兵职业倦怠的影响研究 [J]. 华南国防医学杂志, 2020, 34 (2): 119-122.
[8] 陈振隆. 激励机制在企业人力资源管理中的应用分析 [J]. 淮海工学院学报: 人文社会科学版, 2019, 18 (9): 95-97.
[9] 程正方. 现代管理心理学: 5 版 [M]. 北京: 北京师范大学出版社, 2016.
[10] 戴维·迈尔斯. 社会心理学 [M]. 侯玉波, 乐国安, 张智勇, 译. 北京: 人民邮电出版社, 2016.
[11] 杭荣华, 何洋, 盛鑫, 等. 巴林特小组对咨询师职业倦怠和自我效能感的作用 [J]. 皖南医学院学报, 2019, 038 (3): 294-297.
[12] 冯瑛. SR 公司核心人才的保留策略研究 [D]. 南昌: 江西师范大学, 2020.
[13] 谷洋洋. 冲突管理视角下的基层非警务活动理论研究 [J]. 经营与管理, 2021 (8): 145-149.
[14] 黄炳胜. 基层民警队伍的社会懈怠现象浅析 [J]. 广西警官高等专科学校学报, 2016, 29 (5): 101-104.
[15] 林莉. 关于军人心理素质的理论研究和实践应用 [J]. 解放军艺术学院学报, 2016, 86 (2): 173-179.
[16] 林之婷. 自我接纳团体辅导对"90 后"大学新生社交焦虑的影响 [D]. 南京: 南京师范大学, 2015.
[17] 马丁·M. 安乐尼, 丽莎白·罗默. 行为疗法 [M]. 庄艳, 译. 重庆: 重庆大学出版社, 2016.
[18] 钱铭怡. 心理咨询与心理治疗: 重排本 [M]. 北京: 北京大学出版社, 2016.
[19] 刘斌, 刘玥如, 闫雪华, 等. 广东某电网企业职工 2 种模式职业紧张与职业倦怠相关性分析 [J]. 现代预防医学, 2020, 47 (17): 3104-3108.
[20] 宿佳丽. 浅谈独生子女的心理健康教育 [J]. 爱情婚姻家庭: 教育科研, 2020 (11): 156-156.
[21] 王偲怡, 周虹, 周芸竹, 等. 公交驾驶员职业倦怠与心理健康状况的关系研究 [J]. 现代预防医学, 2020, 47 (1): 35-39.

[22] 薛磊，杨秀兰，叶建国，等．医学院校新生心理健康状况及影响因素分析［J］．安徽卫生职业技术学院学报，2020，19（1）：13-15.
[23] 杨东，杨依轩，徐瑞，等．电力员工安全意识、大五人格和不安全行为的关系研究［J］．西南大学学报：自然科学版，2021，43（8）：129-137.
[24] 俞国良，陈婷婷，赵凤青．气温与气温变化对心理健康的影响［J］．心理科学进展，2020，28（8）：1282-1292.
[25] 章少康，谭钦文，刘娟，等．基于大五人格特质理论的有意不安全行为研究［J］．工业安全与环保，2020，46（6）：51-54.

图书在版编目（CIP）数据

矿山救护心理对策与心理训练/曾凡付著 .--北京：应急管理出版社，2022

ISBN 978-7-5020-9386-0

Ⅰ.①矿… Ⅱ.①曾… Ⅲ.①矿山救护—应用心理学—研究 Ⅳ.①TD77

中国版本图书馆 CIP 数据核字（2022）第 105146 号

矿山救护心理对策与心理训练

著　　者　曾凡付
责任编辑　肖　力
责任校对　邢蕾严
封面设计　安德馨

出版发行　应急管理出版社（北京市朝阳区芍药居 35 号　100029）
电　　话　010-84657898（总编室）　010-84657880（读者服务部）
网　　址　www. cciph. com. cn
印　　刷　北京虎彩文化传播有限公司
经　　销　全国新华书店

开　　本　710mm×1000mm $^{1}/_{16}$　**印张**　14 $^{1}/_{4}$　**字数**　240 千字
版　　次　2022 年 7 月第 1 版　2022 年 7 月第 1 次印刷
社内编号　20220859　**定价**　60.00 元
